# ENCRYPTED SUDOKU

# CRYPTOGRAMS

# ALGEBRAIC SQUARES

...

Gabrielle Scouarnec

To those who fight for their mental integrity

Algebraic squares:

If there is no other precision, the operation is an addition.

Multiplications and divisions are done before additions and subtractions.

Sudoku: The encrypted grid is followed by one or more less and less encrypted grids.

Cryptograms: proper names are underlined.

# Beginners

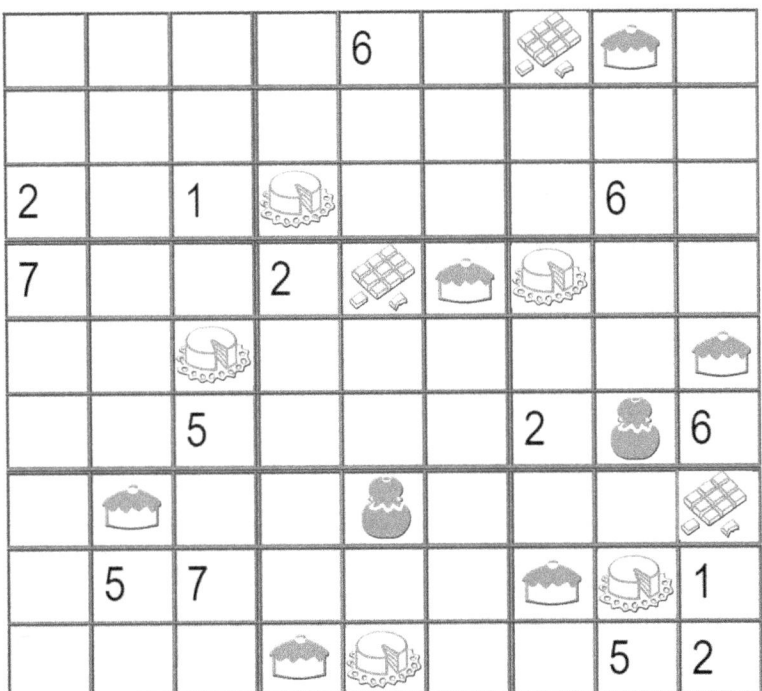

From 0 to 6

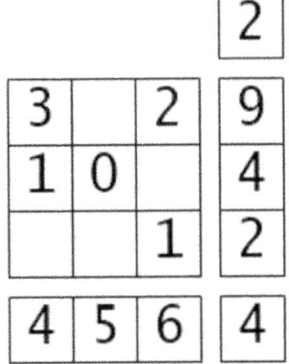

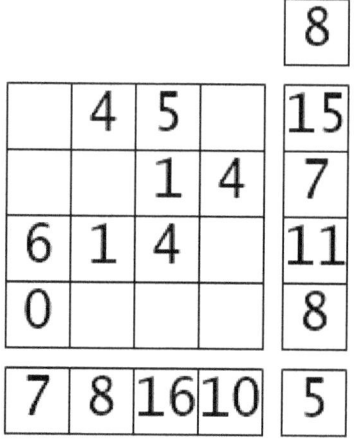

Tidy up that pretty statement by M. Monroe:

| m | i | l | A |  | s | a | k | e | h | e |  | e | a | r | t |  | m |  | a |  | g |  | c |  | a |
|---|---|---|---|---|---|---|---|---|---|---|---|---|---|---|---|---|---|---|---|---|---|---|---|---|---|
| b | e | s | i | r | l | s |  | t | . |  |  | u | p |  | n |  | w | e |  | i |  |  |  |  |  |

| | | | | 6 | | 8 | 9 | |
| | | | | | | | | |
| 2 | | 1 | 4 | | | | 6 | |
| 7 | | | 2 | 8 | 9 | 4 | | |
| | | 4 | | | | | | 9 |
| | | 5 | | | | 2 | 3 | 6 |
| | 9 | | | 3 | | | | 8 |
| | 5 | 7 | | | | 9 | 4 | 1 |
| | | | 9 | 4 | | | 5 | 2 |

c =

g =

h =

n =

o =

p =

t =

y =

| | | | | | | | | |
|---|---|---|---|---|---|---|---|---|
| | | | | 9 | 4 | | | 6 |
| 4 | | | | | | | | |
| 8 | | 3 | | | | | | |
| | | | 9 | | | 3 | | |
| 6 | | | | 4 | | | | |
| | | 8 | 6 | | | | | |
| 9 | | | | | | | | 8 |
| | | 6 | | | | | | |
| | | | | | | | | 3 |

| | | | | |
|---|---|---|---|---|
| | | | | 15 |
| | 4 | 5 | | 18 |
| | | | 5 | 10 |
| 2 | | 6 | 5 | 16 |
| | 6 | | 1 | 13 |
| 14 | 13 | 15 | 15 | 12 |

| | | | | 9 | 4 | | | 6 |
|---|---|---|---|---|---|---|---|---|
| 4 | | | | | | | | 2 |
| 8 | | 3 | 2 | | | | | |
| | | 2 | 9 | | | 3 | | |
| 6 | | | | 4 | | | | |
| | | 8 | 6 | | 2 | | | |
| 9 | | | | | | | 2 | 8 |
| | | 6 | | | | | | |
| | | | | | | | | 3 |

|  |  |  |  |  |
|---|---|---|---|---|
|  |  |  |  | 7 |
|  |  | 3 | 4 | 12 |
| 2 | 5 |  |  | 12 |
| 0 |  | 1 | 2 | 3 |
|  |  | 0 |  | 5 |
| 3 | 10 | 7 | 12 | 11 |

| | | | | | | | | |
|---|---|---|---|---|---|---|---|---|
| | | | | 9 | 4 | | | 6 |
| 4 | | | | | | | | 2 |
| 8 | | 3 | 2 | | | | | |
| | | 2 | 9 | | | 3 | | |
| 6 | | | | 4 | | | | |
| 5 | | 8 | 6 | | 2 | | | |
| 9 | | | 5 | | | | 2 | 8 |
| | | 6 | | | | 5 | | |
| | | | | | | | | 3 |

| | | | | |
|---|---|---|---|---|
| | | | | 12 |
| 4 | | | 1 | 11 |
| | | | 0 | 14 |
| 2 | | 6 | 5 | 17 |
| | 0 | 0 | | 4 |
| 13 | 8 | 17 | 8 | 16 |

| | | | | 9 | 4 | | | 6 |
|---|---|---|---|---|---|---|---|---|
| 4 | | 1 | | 🥾 | | | | 2 |
| 8 | | 3 | 2 | | | | | |
| 1 | | 2 | 9 | | | 3 | | |
| 6 | | | | 4 | 1 | | | |
| 5 | | 8 | 6 | | 2 | 1 | 🥾 | |
| 9 | | | 5 | | | | 2 | 8 |
| | | 6 | | | | 5 | | |
| | | 🥾 | 1 | | | | | 3 |

| | | | | 16 |
|---|---|---|---|---|
| | 5 | 5 | | 18 |
| | 5 | 3 | | 18 |
| 2 | 3 | | | 12 |
| | | 0 | 5 | 14 |
| 14 | 18 | 13 | 17 | 17 |

| | | | | 9 | 4 | | | 6 |
|---|---|---|---|---|---|---|---|---|
| 4 | | 1 | 7 | | | | | 2 |
| 8 | | 3 | 2 | | | | | |
| 1 | | 2 | 9 | | | 3 | | |
| 6 | | | | 4 | 1 | | | |
| 5 | | 8 | 6 | | 2 | 1 | 7 | |
| 9 | | | 5 | | | | 2 | 8 |
| | | 6 | | | | 5 | | |
| | | 7 | 1 | | | | | 3 |

A

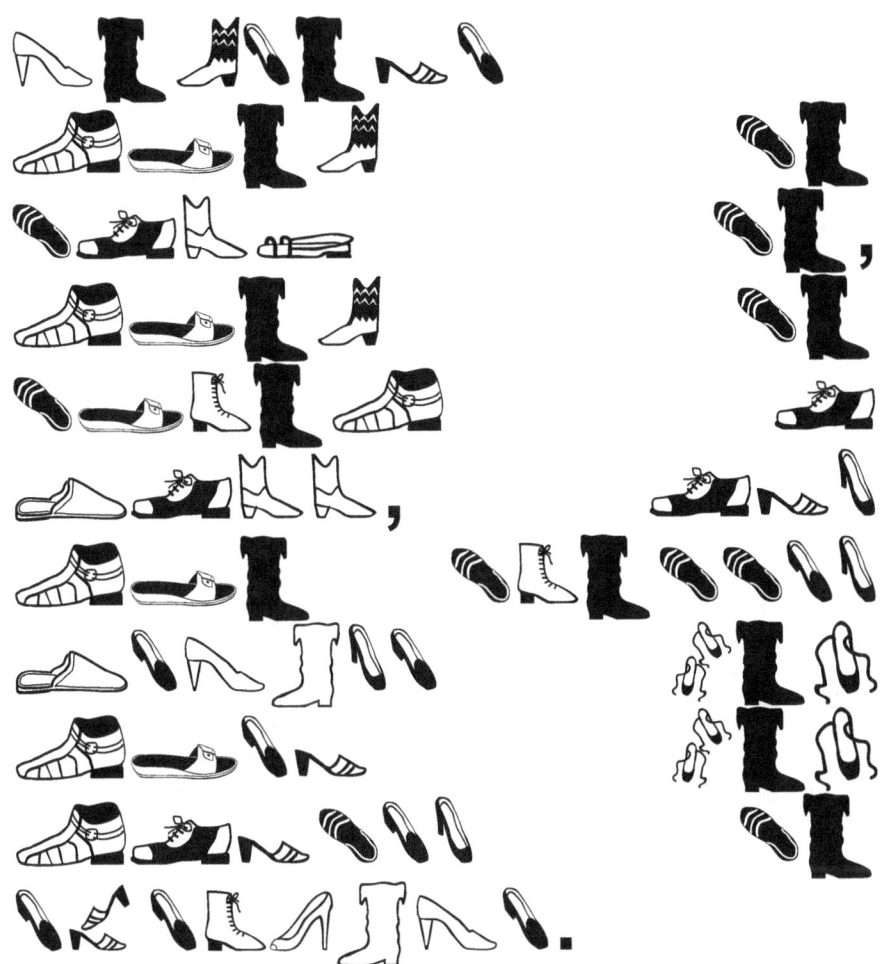

a =

i =

l =

m =

t =

| 3 |   | ♛ |   |   |   |   | 🎩 | 9 |
|---|---|---|---|---|---|---|---|---|
|   |   | 9 |   |   |   | 5 | ♛ | 🐦 |
|   | 🐦 | ♛ |   |   | 9 | ♛ |   | 3 |
|   |   |   |   |   | 3 | ⛑ |   | 🎩 |
| 🎩 |   | 5 |   | ♛ |   |   | ♛ |   |
|   |   | 3 |   |   |   | 9 |   |   |
|   | 1 |   | 5 | 🎩 |   |   |   |   |
|   |   |   | ♛ | 3 |   |   | 9 |   |
|   | 3 | 🎩 |   |   |   | 🐦 |   |   |

|   |   |   |   | 1 |
|---|---|---|---|---|
|   |   |   | 0 | 10 |
| 3 |   |   |   | 6 |
| 2 |   | 1 | 3 | 6 |
|   | 5 | 6 | 0 | 12 |
| 11 | 8 | 12 | 3 | 9 |

| | | | | | | | | |
|---|---|---|---|---|---|---|---|---|
| 3 | | ♛ | | | | | 🎩 | 9 |
| | | 9 | | | | 5 | 2 | 🐦 |
| | 🐦 | 2 | | | 9 | ♛ | | 3 |
| | | | | | 3 | ⛑ | | 🎩 |
| 🎩 | | 5 | | 2 | | | ♛ | |
| | | 3 | | | | 9 | | |
| | 1 | | 5 | 🎩 | | | | |
| | | | ♛ | 3 | | | 9 | |
| | 3 | 🎩 | | | | 🐦 | | |

| | | | | 11 |
|---|---|---|---|---|
| 5 | | 2 | | 18 |
| 6 | | 1 | 2 | 10 |
| | | 0 | | 7 |
| 2 | 0 | | | 2 |
| 13 | 8 | 3 | 13 | 6 |

| 3 |   | 8 |   |   |   |   | 🎩 | 9 |
|---|---|---|---|---|---|---|---|---|
|   |   | 9 |   |   |   | 5 | 2 | 🐦 |
|   | 🐦 | 2 |   |   | 9 | 8 |   | 3 |
|   |   |   |   |   | 3 | 🔔 |   | 🎩 |
| 🎩 |   | 5 |   | 2 |   |   | 8 |   |
|   |   | 3 |   |   |   | 9 |   |   |
|   | 1 |   | 5 | 🎩 |   |   |   |   |
|   |   |   | 8 | 3 |   |   | 9 |   |
|   | 3 | 🎩 |   |   |   | 🐦 |   |   |

|    |    |    |    | 10 |
|----|----|----|----|----|
| 2  |    |    | 1  | 7  |
|    | 3  |    |    | 14 |
| 0  |    | 3  |    | 9  |
|    | 6  | 5  | 1  | 18 |
| 12 | 12 | 12 | 12 | 9  |

| 3 |   | 8 |   |   |   |   | 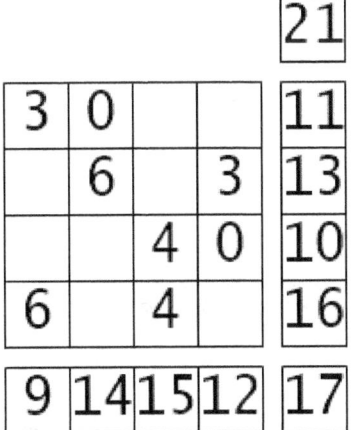 | 9 |
|   |   | 9 |   |   |   | 5 | 2 | 7 |
|   | 7 | 2 |   |   | 9 | 8 |   | 3 |
|   |   |   |   |   | 3 |   |   |   |
|   |   | 5 |   | 2 |   |   | 8 |   |
|   |   | 3 |   |   |   | 9 |   |   |
|   | 1 |   | 5 |   |   |   |   |   |
|   |   | 8 | 3 |   |   |   | 9 |   |
|   | 3 |   |   |   |   | 7 |   |   |

|   |   |   |   | 21 |
|---|---|---|---|----|
| 3 | 0 |   |   | 11 |
|   | 6 |   | 3 | 13 |
|   |   | 4 | 0 | 10 |
| 6 |   | 4 |   | 16 |
| 9 | 14 | 15 | 12 | 17 |

| 3 |   | 8 |   |   |   |   | 6 | 9 |
|---|---|---|---|---|---|---|---|---|
|   |   | 9 |   |   |   | 5 | 2 | 7 |
|   | 7 | 2 |   |   | 9 | 8 |   | 3 |
|   |   |   |   |   | 3 | 4 |   | 6 |
| 6 |   | 5 |   | 2 |   |   | 8 |   |
|   |   | 3 |   |   |   | 9 |   |   |
|   | 1 |   | 5 | 6 |   |   |   |   |
|   |   |   | 8 | 3 |   |   | 9 |   |
|   | 3 | 6 |   |   |   | 7 |   |   |

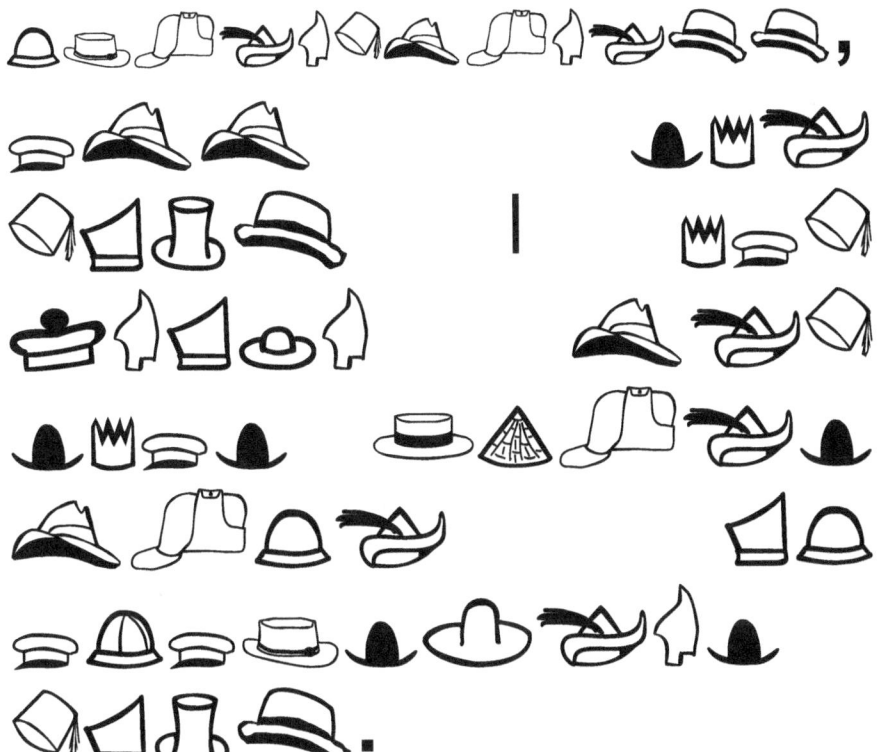

a

c

f

i

n

r

| | | | | | | | | |
|---|---|---|---|---|---|---|---|---|
| | | | | | | | | |
| | | | 7 | | | | | |
| 3 | | | | 6 | | | | |
| 8 | 6 | | | | | 7 | | |
| | | | 8 | | 7 | | | |
| | | 7 | | | | 8 | | |
| 6 | | | | 8 | | | | |
| | | 8 | 6 | 7 | | | | |
| | | | | | 3 | 6 | | |

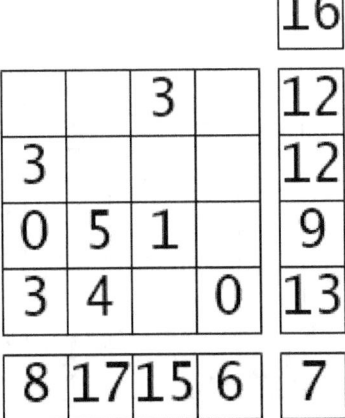

| 1 |   |   |   |   |   |   |   |   |
|---|---|---|---|---|---|---|---|---|
|   |   |   | 7 |   |   |   | 8 |   |
| 3 |   |   |   | 6 |   |   |   |   |
| 8 | 6 |   |   |   | 1 | 7 |   |   |
|   |   |   | 8 |   | 7 |   |   |   |
|   |   | 7 | 1 |   |   | 8 |   |   |
| 6 |   |   |   | 8 |   |   |   |   |
|   |   | 8 | 6 | 7 |   |   |   |   |
|   |   |   |   | 1 | 3 | 6 |   | 8 |

|    |    |   |    | 12 |
|----|----|---|----|----|
|    |    |   | 1  | 15 |
| 0  | 6  |   | 4  | 13 |
|    | 5  | 0 | 5  | 12 |
|    |    | 0 |    | 5  |
| 11 | 13 | 9 | 12 | 14 |

| 1 |  |  |  | 4 |  |  |  |  |
|---|---|---|---|---|---|---|---|---|
|  |  |  | 7 |  |  |  | 8 |  |
| 3 |  |  |  |  | 6 | 4 |  |  |
| 8 | 6 |  |  |  |  | 1 | 7 |  |
| 4 |  |  | 8 |  | 7 |  |  |  |
|  |  | 7 | 1 |  |  | 8 |  |  |
| 6 |  |  |  | 8 |  |  |  |  |
|  |  | 8 | 6 | 7 |  |  | 4 |  |
|  |  |  |  | 1 | 3 | 6 |  | 8 |

|  |  |  |  | 13 |
|---|---|---|---|---|
|  | 3 |  | 6 | 16 |
| 0 | 0 | 4 |  | 8 |
|  |  | 6 |  | 19 |
| 0 |  | 0 |  | 10 |
| 11 | 10 | 11 | 21 | 18 |

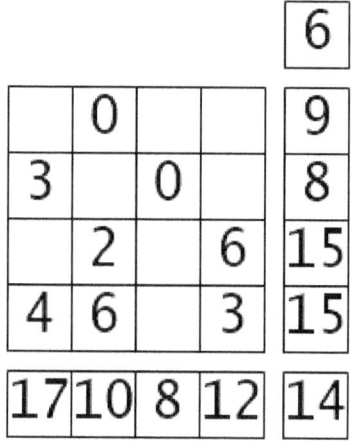

| 1 |   |   |   | 4 |   |   |   |   |
|---|---|---|---|---|---|---|---|---|
|   |   |   | 7 | 9 |   |   | 8 |   |
| 3 |   |   |   | 5 | 6 | 4 |   |   |
| 8 | 6 |   |   |   | 5 | 1 | 7 |   |
| 4 |   | 2 | 8 |   | 7 |   | 5 |   |
|   | 9 | 7 | 1 |   |   | 8 |   |   |
| 6 |   |   |   | 8 | 9 |   |   |   |
|   | 5 | 8 | 6 | 7 |   |   | 4 |   |
|   |   |   |   | 1 | 3 | 6 |   | 8 |

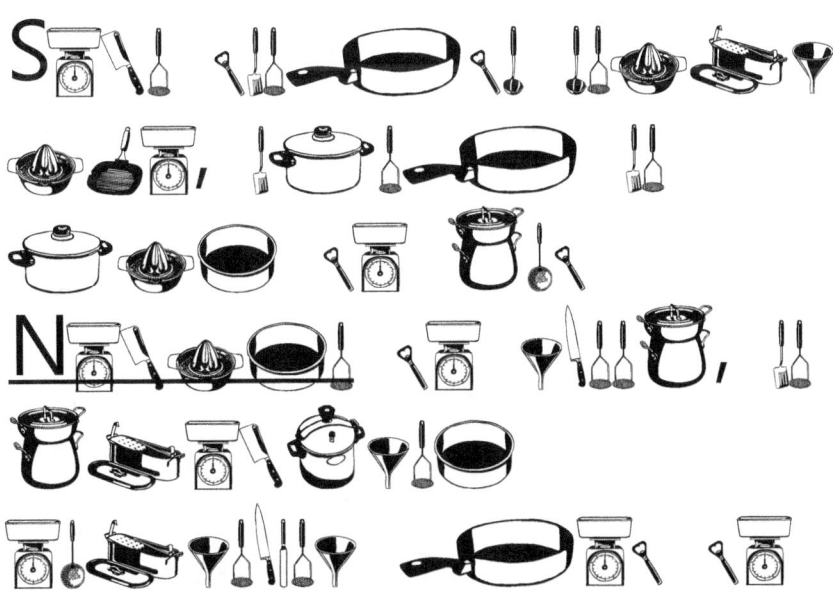

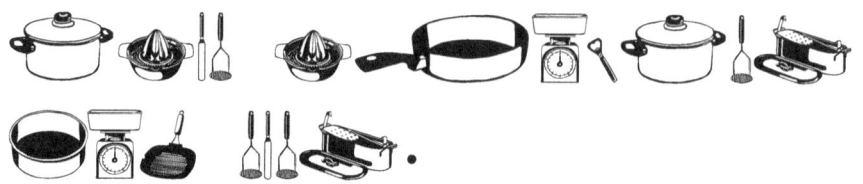

a
d
h
o
v
y

| | | | | | | | | |
|---|---|---|---|---|---|---|---|---|
| 4 | 2 | 8 | | 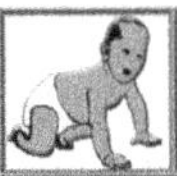 | | | 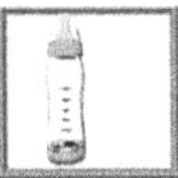 | 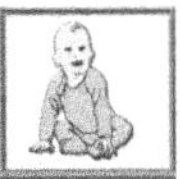 |
| | 5 | | | | | | | |
| | | | 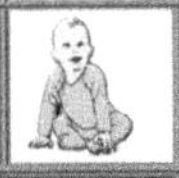 | | | | 4 | |
| | | | 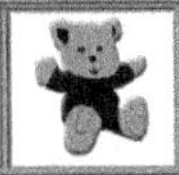 | 2 | | | | 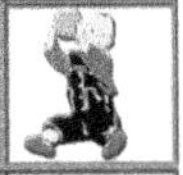 |
| | | 4 | | | 5 | | 2 | |
| | | 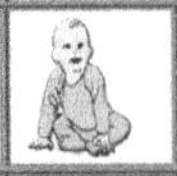 | 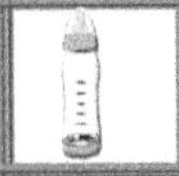 | | | 8 | | 4 |
| 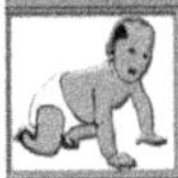 | | 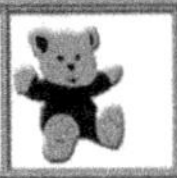 | 4 | 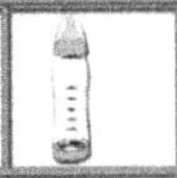 | | | | |
| | | | | | 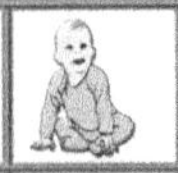 | | | 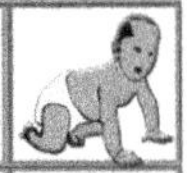 |
| | | | 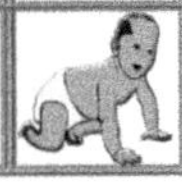 | | 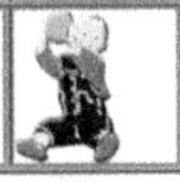 | 2 | | 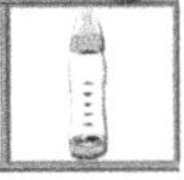 |

| | | | | |
|---|---|---|---|---|
| | | | | 22 |
| 2 | 2 | | 6 | 13 |
| 5 | 2 | 5 | | 15 |
| | | | | 16 |
| | 1 | | 2 | 14 |
| 16 | 10 | 18 | 14 | 11 |

| 4 | 2 | 8 |   |   |   |   | 7 |   |
|---|---|---|---|---|---|---|---|---|
|   | 5 |   |   |   |   |   |   |   |
|   |   |   |   |   |   |   | 4 |   |
|   |   |   |   | 2 |   |   |   |   |
|   |   | 4 |   |   | 5 |   | 2 |   |
|   |   |   | 7 |   |   | 8 |   | 4 |
|   |   |   | 4 | 7 |   |   |   |   |
|   |   |   |   |   |   |   |   |   |
|   |   |   |   |   |   | 2 |   | 7 |

|   |   |   |   | 15 |
|---|---|---|---|----|
|   |   | 4 | 1 | 13 |
| 5 | 6 | 2 |   | 13 |
|   |   |   |   | 11 |
| 6 |   | 5 | 1 | 18 |
| 18 | 20 | 12 | 5 | 14 |

| 4 | 2 | 8 |   |   |   |   | 7 |   |
|---|---|---|---|---|---|---|---|---|
|   | 5 |   |   |   |   |   |   |   |
|   |   |   |   |   |   |   | 4 |   |
|   |   |   | 6 | 2 |   |   |   |   |
|   |   | 4 |   |   | 5 |   | 2 |   |
|   |   |   | 7 |   |   | 8 |   | 4 |
|   |   | 6 | 4 | 7 |   |   |   |   |
|   |   |   |   |   |   |   |   |   |
|   |   |   |   |   |   | 2 |   | 7 |

|    |   |    |    | 10 |
|----|---|----|----|----|
|    |   |    | 4  | 13 |
|    | 0 | 5  |    | 10 |
| 3  |   | 1  | 5  | 10 |
|    | 3 | 6  |    | 12 |
| 10 | 8 | 14 | 13 | 7  |

| 4 | 2 | 8 |  | |  |  | 7 | |
|---|---|---|---|---|---|---|---|---|
|  | 5 |  |  |  |  |  |  |  |
|  |  |  | |  |  |  | 4 |  |
|  |  |  | 6 | 2 |  |  |  | 9 |
|  |  | 4 |  |  | 5 |  | 2 |  |
|  |  | | 7 |  |  | 8 |  | 4 |
| |  | 6 | 4 | 7 |  |  |  |  |
|  |  |  |  |  | |  |  | |
|  |  |  | |  | 9 | 2 |  | 7 |

|  |  |  |  | 14 |
|---|---|---|---|---|
|  |  |  | 6 | 9 |
| 3 |  | 3 | 4 | 14 |
| 1 | 5 | 4 |  | 13 |
|  |  | 6 |  | 12 |
| 6 | 12 | 14 | 16 | 13 |

| 4 | 2 | 8 |   | 3 |   |   | 7 | 1 |
|---|---|---|---|---|---|---|---|---|
|   | 5 |   |   |   |   |   |   |   |
|   |   |   | 1 |   |   |   | 4 |   |
|   |   |   | 6 | 2 |   |   |   | 9 |
|   |   | 4 |   |   | 5 |   | 2 |   |
|   |   | 1 | 7 |   |   | 8 |   | 4 |
| 3 |   | 6 | 4 | 7 |   |   |   |   |
|   |   |   |   |   | 1 |   |   | 3 |
|   |   |   | 3 |   | 9 | 2 |   | 7 |

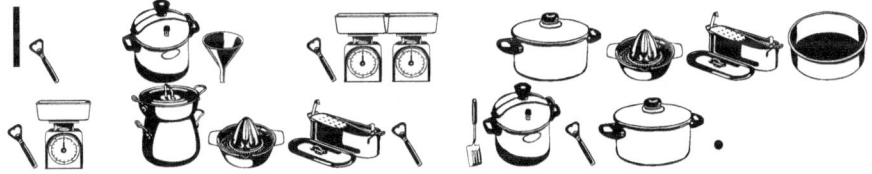

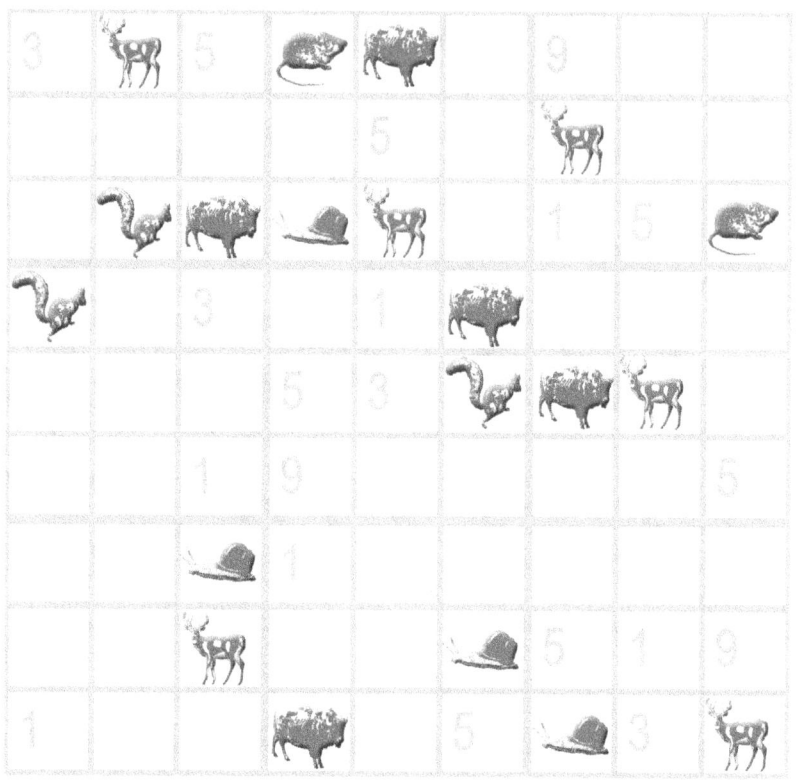

From 0 to 8

|   |   |   |   | 13 |
|---|---|---|---|---|
| 8 | 4 |   |   | 14 |
|   | 6 | 7 |   | 20 |
| 2 |   |   | 5 | 18 |
|   |   |   |   | 12 |
| 12 | 21 | 16 | 15 | 24 |

|   |   |   |   | 11 |
|---|---|---|---|----|
| 4 |   |   |   | 9  |
|   |   | 5 |   | 17 |
|   | 3 | 4 |   | 16 |
| 3 |   |   | 4 | 9  |
| 16 | 9 | 13 | 13 | 15 |

| 3 | 🦌 | 5 | 🐁 | 8 |   | 9 |   |   |
|---|---|---|---|---|---|---|---|---|
|   |   |   |   | 5 |   | 🦌 |   |   |
|   | 🐿 | 8 | 4 | 🦌 |   | 1 | 5 | 🐁 |
| 🐿 | 3 |   | 1 | 8 |   |   |   |   |
|   |   |   | 5 | 3 | 🐿 | 8 | 🦌 |   |
|   |   | 1 | 9 |   |   |   |   | 5 |
|   |   | 4 | 1 |   |   |   |   |   |
|   | 🦌 |   |   |   | 4 | 5 | 1 | 9 |
| 1 |   |   | 8 |   | 5 | 4 | 3 | 🦌 |

|   |   |   |   | 15 |
|---|---|---|---|----|
| 8 |   |   |   | 26 |
|   |   |   | 5 | 12 |
|   |   | 7 |   | 9  |
|   | 4 | 0 | 5 | 13 |
| 14 | 9 | 18 | 19 | 23 |

| | | | | | | | | |
|---|---|---|---|---|---|---|---|---|
| 3 |  | 5 |  | 8 | | 9 | | |
| | | | | 5 | |  | | |
| | 7 | 8 | 4 |  | | 1 | 5 |  |
| 7 | | 3 | | 1 | 8 | | | |
| | | | 5 | 3 | 7 | 8 |  | |
| | | 1 | 9 | | | | | 5 |
| | | 4 | 1 | | | | | |
| | |  | | | 4 | 5 | 1 | 9 |
| 1 | | | 8 | | 5 | 4 | 3 |  |

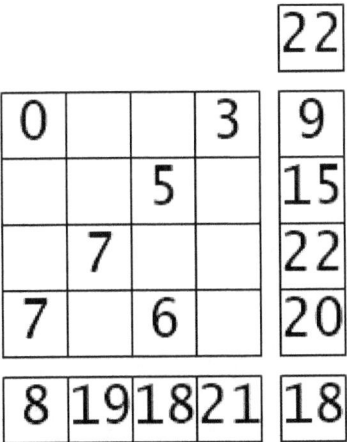

| | | | | |
|---|---|---|---|---|
| | | | | 22 |
| 0 | | | 3 | 9 |
| | | 5 | | 15 |
| | 7 | | | 22 |
| 7 | | 6 | | 20 |
| 8 | 19 | 18 | 21 | 18 |

|   |   |   |   |   |   |   |   |   |
|---|---|---|---|---|---|---|---|---|
| 3 | 2 | 5 | 6 | 8 |   | 9 |   |   |
|   |   |   |   | 5 |   | 2 |   |   |
|   | 7 | 8 | 4 | 2 |   | 1 | 5 | 6 |
| 7 |   | 3 |   | 1 | 8 |   |   |   |
|   |   |   | 5 | 3 | 7 | 8 | 2 |   |
|   |   | 1 |   | 9 |   |   |   | 5 |
|   |   | 4 | 1 |   |   |   |   |   |
|   |   | 2 |   |   | 4 | 5 | 1 | 9 |
| 1 |   |   | 8 |   | 5 | 4 | 3 | 2 |

l
n
o
p
t
w

| | | | | | | | | |
|---|---|---|---|---|---|---|---|---|
|  | 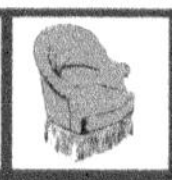 | | | | 6 | | | |
| | | | | | 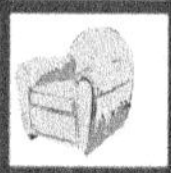 | | | |
| 8 | 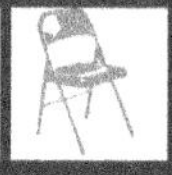 | 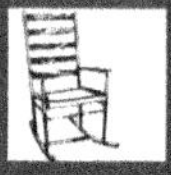 | | | | 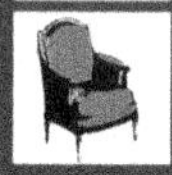 | 6 | |
| 3 | | | | 8 | | | 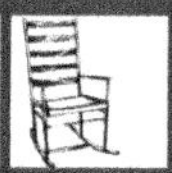 | |
| | 6 | 8 |  | | | 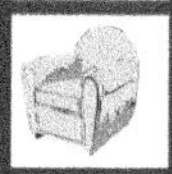 | 2 | 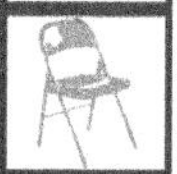 |
| 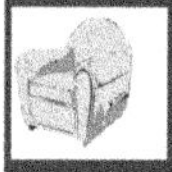 | | 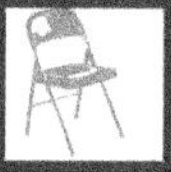 | 6 | 2 | 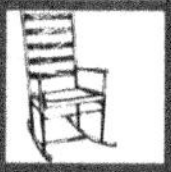 | | | 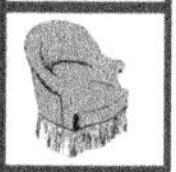 |
| | 8 | | | | | | 3 | |
| | | | 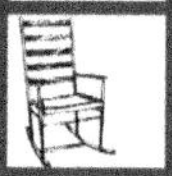 | | 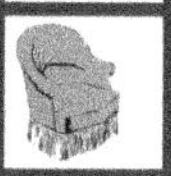 | |  | |
| 2 | | | |  | | | 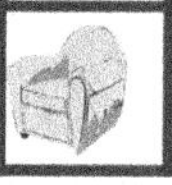 | 6 |

| | | | | |
|---|---|---|---|---|
| | | | | 18 |
| | 1 | | | 14 |
| | | 5 | | 16 |
| | | 0 | 2 | 11 |
| | 4 | 3 | | 13 |
| 13 | 16 | 12 | 13 | 13 |

| ♟ | ♟ |   |   |   | 6 |   |   |   |
|---|---|---|---|---|---|---|---|---|
|   |   |   |   |   | ♟ |   |   |   |
| 8 | ♟ | 5 |   |   |   | ♟ | 6 |   |
| 3 |   |   |   | 8 |   |   | 5 |   |
|   | 6 | 8 | ♟ |   |   | ♟ | 2 | ♟ |
| ♟ |   | ♟ | 6 | 2 | 5 |   |   | ♟ |
|   | 8 |   |   |   |   |   | 3 |   |
|   |   |   | 5 |   | ♟ |   | ♟ |   |
| 2 |   |   |   | ♟ |   |   | ♟ | 6 |

|   |   |   |   | 14 |
|---|---|---|---|----|
| 8 |   |   | 0 | 17 |
|   |   |   |   | 20 |
| 2 | 8 | 3 |   | 15 |
|   | 3 |   |   | 17 |
| 18 | 24 | 13 | 14 | 25 |

| | | | | | | | | |
|---|---|---|---|---|---|---|---|---|
| | 9 | | | | 6 | | | |
| | | | | | | | | |
| 8 | | 5 | | | | | 6 | |
| 3 | | | | 8 | | | 5 | |
| | 6 | 8 | | | | | 2 | |
| | | | 6 | 2 | 5 | | | 9 |
| | 8 | | | | | | 3 | |
| | | | 5 | | 9 | | | |
| 2 | | | | | | | | 6 |

|  |  |  |  | 12 |
|---|---|---|---|---|
| 8 |  |  |  | 17 |
|  | 0 | 4 |  | 14 |
|  |  | 5 |  | 22 |
| 0 |  |  | 8 | 11 |
| 23 | 3 | 14 | 24 | 21 |

# Grid 1

| 7 | 9 |   |   |   | 6 |   |   |   |
|---|---|---|---|---|---|---|---|---|
|   |   |   |   |   |   |   |   |   |
| 8 |   | 5 |   |   |   | 7 | 6 |   |
| 3 |   |   |   | 8 |   |   | 5 |   |
|   | 6 | 8 | 7 |   |   |   | 2 |   |
|   |   |   | 6 | 2 | 5 |   |   | 9 |
|   | 8 |   |   |   |   |   | 3 |   |
|   |   |   | 5 |   | 9 |   | 7 |   |
| 2 |   |   |   |   |   |   |   | 6 |

# Grid 2

|    |    |    |    | 14 |
|----|----|----|----|----|
|    |    | 3  | 1  | 13 |
|    |    | 1  | 8  | 17 |
|    | 8  |    | 7  | 26 |
|    |    |    |    | 18 |
| 14 | 27 | 13 | 20 | 17 |

| 7 | 9 |   |   |   | 6 |   |   |   |
|---|---|---|---|---|---|---|---|---|
|   |   |   |   |   | 4 |   |   |   |
| 8 | 1 | 5 |   |   |   | 7 | 6 |   |
| 3 |   |   |   | 8 |   |   | 5 |   |
|   | 6 | 8 | 7 |   |   | 4 | 2 | 1 |
| 4 |   | 1 | 6 | 2 | 5 |   |   | 9 |
|   | 8 |   |   |   |   |   | 3 |   |
|   |   |   | 5 |   | 9 |   | 7 |   |
| 2 |   |   |   | 1 |   |   | 4 | 6 |

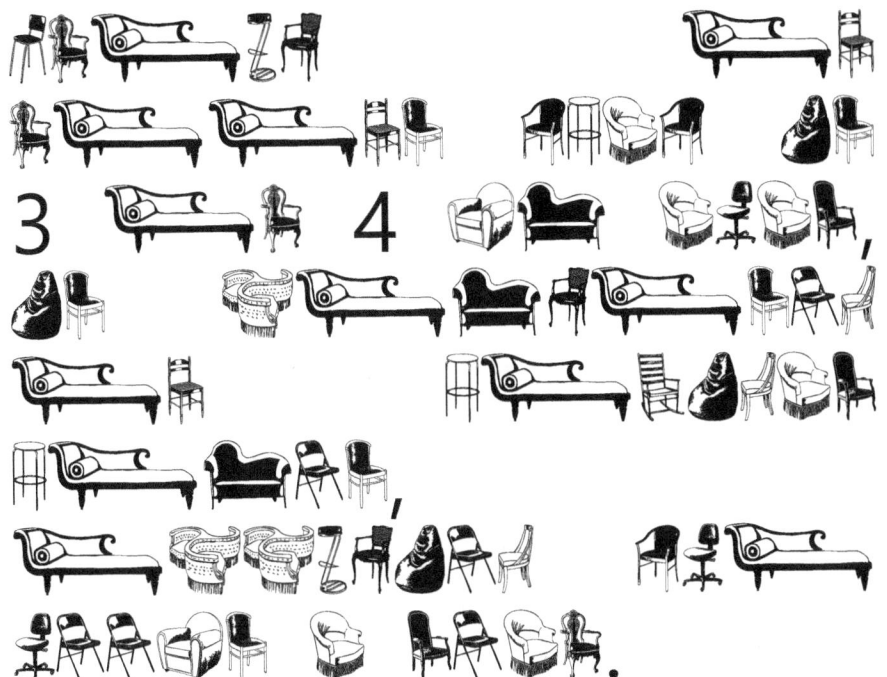

3 4

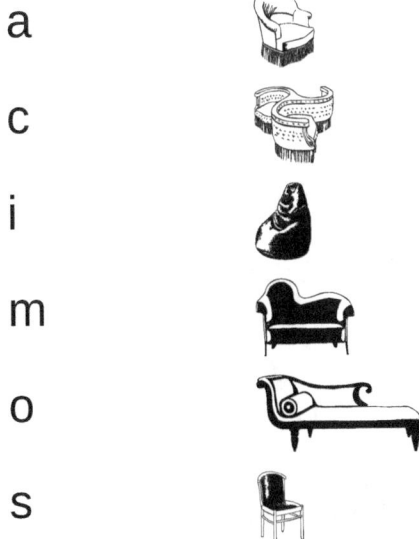

a

c

i

m

o

s

| | | | 4 | | | | | |
|---|---|---|---|---|---|---|---|---|
| 4 | | | | | | 1 | | |
| | | | | | | 5 | 7 | |
| | | 5 | | | | | | 8 |
| | 1 | | | | | | | |
| | | | | 7 | | | 4 | |
| | | | | 1 | | 4 | | 7 |
| | 4 | | | | | | | |
| | | | 7 | 5 | | | | |

| | | | | 13 |
|---|---|---|---|---|
| 7 | 7 | | | 19 |
| | 5 | 8 | | 19 |
| 0 | | | | 9 |
| | | | 5 | 14 |
| 7 | 22 | 17 | 15 | 21 |

**Grid 1 (9×9)**

|   |   |   | 4 |   |   |   |   |   |
|---|---|---|---|---|---|---|---|---|
| 4 |   | 9 |   |   |   | 1 |   |   |
|   |   |   |   |   |   | 5 | 7 |   |
| 9 |   | 5 |   |   |   |   |   | 8 |
|   | 1 |   |   |   |   |   |   |   |
|   |   |   |   | 7 |   |   | 4 |   |
|   |   |   |   | 1 |   | 4 | 9 | 7 |
|   | 4 |   |   |   |   |   |   |   |
|   |   |   | 7 | 5 |   |   |   |   |

**Grid 2**

|   |   |   |   | 25 |
|---|---|---|---|----|
| 2 |   |   | 4 | 17 |
|   |   | 7 | 1 | 21 |
|   |   |   | 0 | 10 |
|   |   | 8 |   | 19 |
| 18 | 19 | 22 | 8 | 12 |

| | | | 4 | | | | 🐱 | |
|---|---|---|---|---|---|---|---|---|
| 4 | | 9 | | | | 1 | 🐱 | |
| | | 2 | 🐱 | | 🐱 | 5 | 7 | |
| 9 | | 5 | | | | 🐱 | | 8 |
| | 1 | | 2 | 🐱 | | | | |
| | 🐱 | | 7 | | | | 4 | |
| | | | 1 | | | 4 | 9 | 7 |
| 🐱 | 4 | | | | | 🐱 | | |
| 🐱 | | | 7 | 5 | | | 🐱 | 2 |

|  |  |  |  | 11 |
|---|---|---|---|---|
| | 7 | | | 18 |
| | | | 6 | 19 |
| | | 8 | 0 | 22 |
| 1 | | 2 | | 10 |
| 16 | 26 | 19 | 8 | 22 |

| | | | 4 | | | | 🐱 | |
|---|---|---|---|---|---|---|---|---|
| 4 | | 9 | | | | 1 | 3 | |
| | | 2 | 🐱 | | 🐱 | 5 | 7 | |
| 9 | | 5 | | | | 🐱 | | 8 |
| | 1 | | 2 | 🐱 | | | | |
| | | 3 | | 7 | | | 4 | |
| | | | | 1 | | 4 | 9 | 7 |
| 🐱 | 4 | | | | | | 3 | |
| 3 | | | 7 | 5 | | | 🐱 | 2 |

|   |   |   |   | 10 |
|---|---|---|---|----|
| 0 |   |   | 5 | 13 |
|   |   | 1 | 6 | 12 |
|   |   | 0 |   | 11 |
| 1 |   |   |   | 8  |
| 3 | 12 | 7 | 22 | 8 |

|   |   |   | 4 |   |   |   | 8 |   |
|---|---|---|---|---|---|---|---|---|
| 4 |   | 9 |   |   |   | 1 | 3 |   |
|   |   | 2 | 6 |   | 8 | 5 | 7 |   |
| 9 |   | 5 |   |   |   | 6 |   | 8 |
|   | 1 |   | 2 | 6 |   |   |   |   |
|   |   | 3 |   | 7 |   |   | 4 |   |
|   |   |   |   | 1 |   | 4 | 9 | 7 |
| 6 | 4 |   |   |   |   | 3 |   |   |
| 3 |   |   | 7 | 5 |   |   | 6 | 2 |

a
d
p
s
u
v

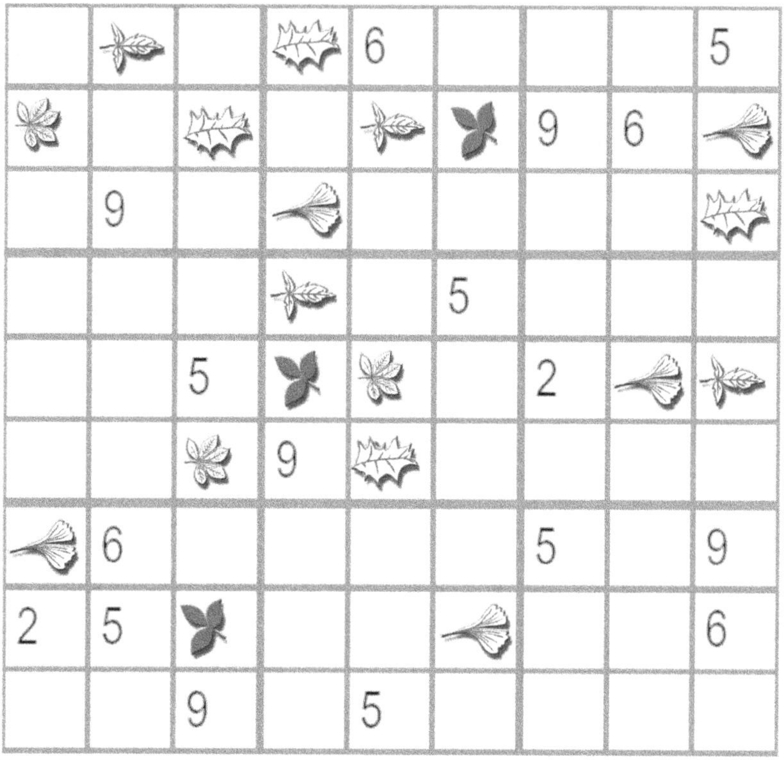

| | | | | | | | | |
|---|---|---|---|---|---|---|---|---|
| | | | | 6 | | | | 5 |
| | | | | | | 9 | 6 | |
| | 9 | | | | | | | |
| | | | | | 5 | | | |
| | | 5 | | | | 2 | | |
| | | | 9 | | | | | |
| | 6 | | | | | 5 | | 9 |
| 2 | 5 | | | | | | | 6 |
| | | 9 | | 5 | | | | |

| | | | | |
|---|---|---|---|---|
| | | | | 19 |
| | | 7 | | 14 |
| | 6 | | 7 | 26 |
| | 3 | 7 | | 10 |
| | | 8 | | 22 |
| 14 | 16 | 28 | 14 | 17 |

|   | 5 |   |   | 18 |
|---|---|---|---|----|
|   | 5 |   |   | 20 |
| 1 |   | 4 |   | 14 |
|   |   |   |   | 22 |
|   | 1 | 4 | 5 | 10 |
| 8 | 13 | 17 | 28 | 10 |

| | 4 | | 🍂 | 6 | | | | 5 |
|---|---|---|---|---|---|---|---|---|
| 🍂 | | 🍂 | | 4 | 🍂 | 9 | 6 | 7 |
| | 9 | | 7 | | | | | 🍂 |
| | | | 4 | | 5 | | | |
| | | 5 | 🍂 | 🍂 | | 2 | 7 | 4 |
| | | 🍂 | 9 | 🍂 | | | | |
| 7 | 6 | | | | | 5 | | 9 |
| 2 | 5 | 🍂 | | | 7 | | | 6 |
| | | 9 | | 5 | | | | |

|  |  |  |  |  |
|---|---|---|---|---|
|  |  |  |  | 14 |
| 0 |  | 8 |  | 15 |
|  |  | 4 |  | 24 |
|  | 7 |  | 7 | 15 |
|  |  |  | 0 | 12 |
| 7 | 26 | 17 | 16 | 8 |

| | 4 | | 8 | 6 | | | | 5 |
|---|---|---|---|---|---|---|---|---|
| 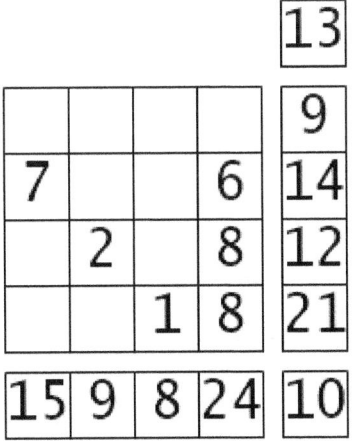 | | 8 | | 4 | | 9 | 6 | 7 |
| | 9 | | 7 | | | | | 8 |
| | | | 4 | | 5 | | | |
| | | 5 | | | | 2 | 7 | 4 |
| | | | 9 | 8 | | | | |
| 7 | 6 | | | | | 5 | | 9 |
| 2 | 5 | | | | 7 | | | 6 |
| | | 9 | | 5 | | | | |

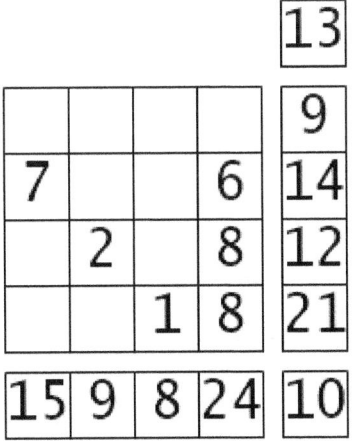

13

|   |   |   |   | 9 |
|---|---|---|---|---|
| 7 |   |   | 6 | 14 |
|   | 2 |   | 8 | 12 |
|   |   | 1 | 8 | 21 |
| 15 | 9 | 8 | 24 | 10 |

| | 4 | | 8 | 6 | | | | 5 |
|---|---|---|---|---|---|---|---|---|
| 3 | | 8 | | 4 | 1 | 9 | 6 | 7 |
| | 9 | | 7 | | | | | 8 |
| | | | 4 | | 5 | | | |
| | | 5 | 1 | 3 | | 2 | 7 | 4 |
| | | 3 | 9 | 8 | | | | |
| 7 | 6 | | | | | 5 | | 9 |
| 2 | 5 | 1 | | | 7 | | | 6 |
| | | 9 | | 5 | | | | |

Saying by Khalil Gibran :

| n d s | e l   y | T h e | o u r | t   a n | l i g h | o   f e | t o |
|---|---|---|---|---|---|---|---|
| b a r e | e   w i | l o n g | p l a y | f e e | a i r . | t s   t | w i t |
| u r   h | d   t h | e a r t | h   d e | h   y o | | | |

| | | | | | | | | |
|---|---|---|---|---|---|---|---|---|
| | | | 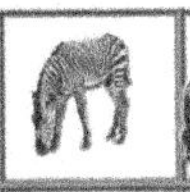 | 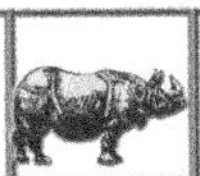 | | | 7 | |
| | | | 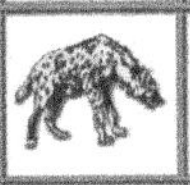 | 3 | | 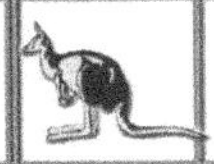 | | |
| 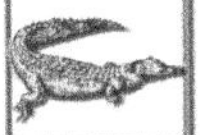 | 3 | | | | 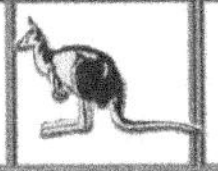 | 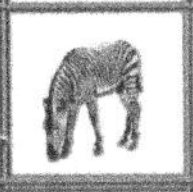 | | |
| | 9 | 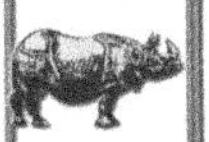 | 3 | 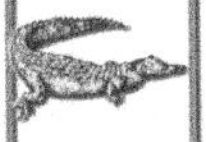 | | 2 | | |
| 3 | | 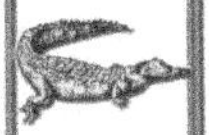 | | | | | | 7 |
| | | | 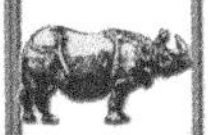 | | 7 | 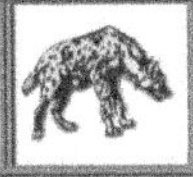 | 3 | 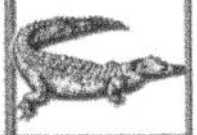 |
| | 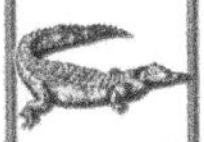 | 7 | | | | | | 9 |
| | 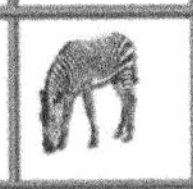 | 2 | | | | | 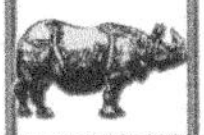 | |
| 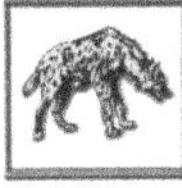 | 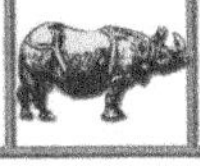 | | | | 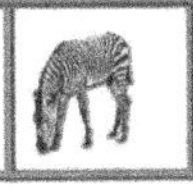 | | | |

| | | | | |
|---|---|---|---|---|
| | | | | 18 |
| | 1 | | 0 | 6 |
| | | | | 12 |
| 8 | | | 5 | 25 |
| 7 | | 4 | | 13 |
| 25 | 10 | 14 | 7 | 7 |

| | | | | | | | | |
|---|---|---|---|---|---|---|---|---|
| | | | 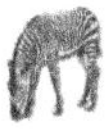 | 4 | | | 7 | |
| | | | 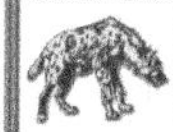 | 3 | | 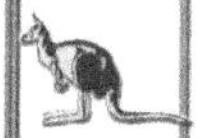 | | |
| 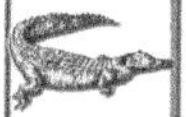 | 3 | | | | 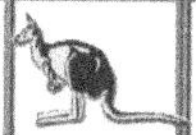 | 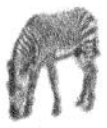 | | |
| | 9 | 4 | 3 | 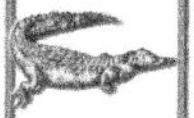 | | 2 | | |
| 3 | | 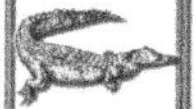 | | | | | | 7 |
| | | | 4 | | 7 | 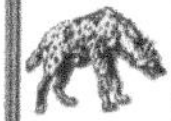 | 3 | 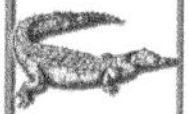 |
| | 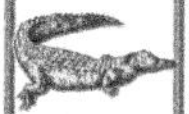 | 7 | | | | | | 9 |
| | 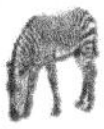 | 2 | | | | | 4 | |
| 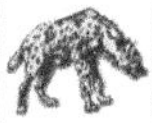 | 4 | | | | 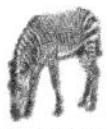 | | | |

| | | | | |
|---|---|---|---|---|
| | | | | 16 |
| | 7 | 3 | | 24 |
| | | | 8 | 18 |
| 8 | | | | 21 |
| | 2 | 2 | | 10 |
| 17 | 18 | 12 | 26 | 20 |

| | | | 1 | 4 | | | 7 | |
|---|---|---|---|---|---|---|---|---|
| | | | (anteater) | 3 | | (kangaroo) | | |
| (crocodile) | 3 | | | (kangaroo) | 1 | | | |
| | 9 | 4 | 3 | (crocodile) | | 2 | | |
| 3 | | (crocodile) | | | | | | 7 |
| | | | 4 | | 7 | (anteater) | 3 | (crocodile) |
| | (crocodile) | 7 | | | | | | 9 |
| | 1 | 2 | | | | | 4 | |
| (anteater) | 4 | | | | 1 | | | |

|   |   |   |   | 23 |
|---|---|---|---|---|
| | | 6 | | 16 |
| | 3 | 5 | 2 | 15 |
| 2 | 8 | | | 20 |
| | | | | 22 |
| 12 | 17 | 21 | 23 | 13 |

## Puzzle 1

| | | | 1 | 4 | | | 7 | |
|---|---|---|---|---|---|---|---|---|
| | | | 8 | 3 | | 🦘 | | |
| 🐊 | 3 | | | 🦘 | 1 | | | |
| | 9 | 4 | 3 | 🐊 | | 2 | | |
| 3 | | 🐊 | | | | | | 7 |
| | | 4 | | 7 | 8 | 3 | 🐊 | |
| | 🐊 | 7 | | | | | | 9 |
| | 1 | 2 | | | | | 4 | |
| 8 | 4 | | | | 1 | | | |

## Puzzle 2

| | | | | 24 |
|---|---|---|---|---|
| | 7 | | | 26 |
| | | | 6 | 15 |
| | | | 7 | 17 |
| 3 | 8 | 1 | | 19 |
| 12 | 21 | 16 | 28 | 16 |

| | | | 1 | 4 | | | 7 | |
|---|---|---|---|---|---|---|---|---|
| | | | 8 | 3 | | 5 | | |
| 6 | 3 | | | | 5 | 1 | | |
| | 9 | 4 | 3 | 6 | | 2 | | |
| 3 | | 6 | | | | | | 7 |
| | | | 4 | | 7 | 8 | 3 | 6 |
| | 6 | 7 | | | | | | 9 |
| | 1 | 2 | | | | | 4 | |
| 8 | 4 | | | | 1 | | | |

T

b 
c
i
r
s
v

Advanced

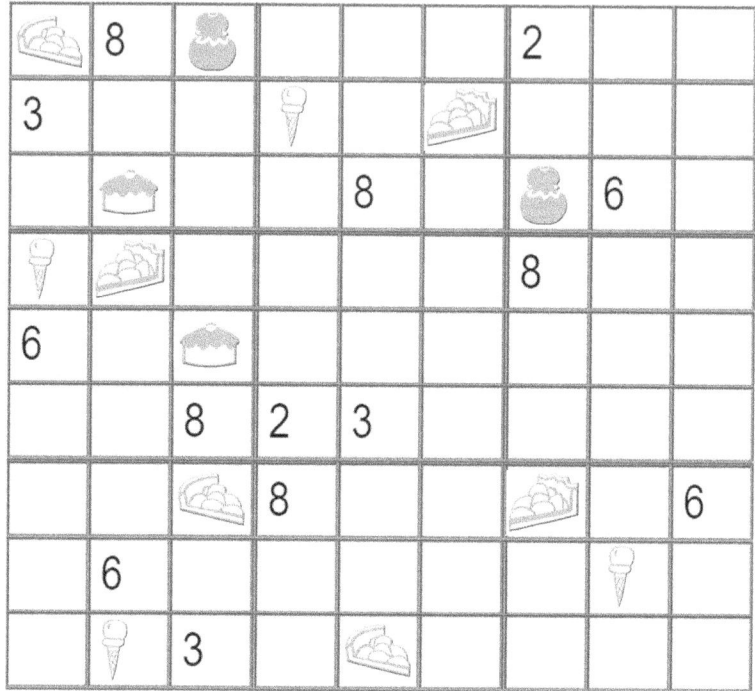

From 0 to 7

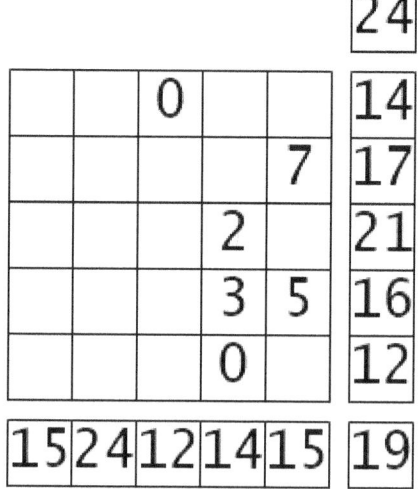

| | | | | | | | | |
|---|---|---|---|---|---|---|---|---|
| 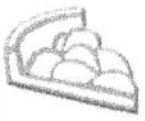 | 8 | 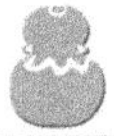 | | | | 2 | | |
| 3 | | | 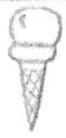 | | 9 | | | |
| | 7 | | | 8 | | 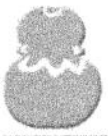 | 6 | |
| 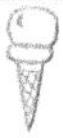 | 9 | | | | | 8 | | |
| 6 | | 7 | | | | | | |
| | | 8 | 2 | 3 | | | | |
| | | 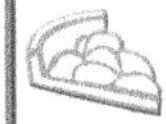 | 8 | | | 9 | | 6 |
| | 6 | | | | | | 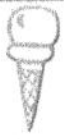 | |
| | 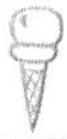 | 3 | |  | | | | |

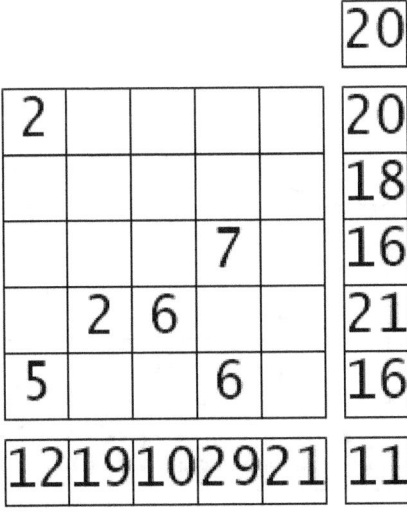

| | | | | | | |
|---|---|---|---|---|---|---|
| | | | | | | 20 |
| 2 | | | | | | 20 |
| | | | | | | 18 |
| | | | 7 | | | 16 |
| | 2 | 6 | | | | 21 |
| 5 | | | 6 | | | 16 |
| 12 | 19 | 10 | 29 | 21 | | 11 |

| | | | | | | | | |
|---|---|---|---|---|---|---|---|---|
| | 8 | | | | | 2 | | |
| 3 | | | 5 | | 9 | | | |
| | 7 | | | 8 | | | 6 | |
| 5 | 9 | | | | | 8 | | |
| 6 | | 7 | | | | | | |
| | | 8 | 2 | 3 | | | | |
| | | | 8 | | | 9 | | 6 |
| | 6 | | | | | | 5 | |
| | 5 | 3 | | | | | | |

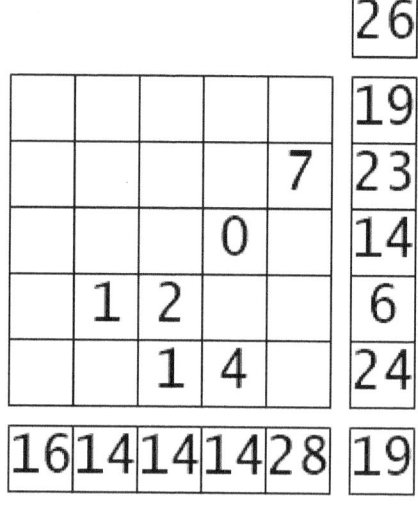

| | | | | | 26 |
|---|---|---|---|---|---|
| | | | | | 19 |
| | | | | 7 | 23 |
| | | | 0 | | 14 |
| | 1 | 2 | | | 6 |
| | | 1 | 4 | | 24 |
| 16 | 14 | 14 | 14 | 28 | 19 |

| 4 | 8 | 1 |   |   |   | 2 |   |   |
|---|---|---|---|---|---|---|---|---|
| 3 |   |   | 5 |   | 9 |   |   |   |
|   | 7 |   |   | 8 |   | 1 | 6 |   |
| 5 | 9 |   |   |   |   | 8 |   |   |
| 6 |   | 7 |   |   |   |   |   |   |
|   |   | 8 | 2 | 3 |   |   |   |   |
|   |   | 4 | 8 |   |   | 9 |   | 6 |
|   | 6 |   |   |   |   |   | 5 |   |
|   | 5 | 3 |   | 4 |   |   |   |   |

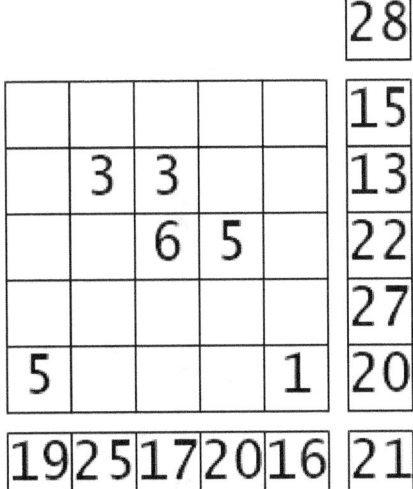

200

c
i
l
r
u
v

| | | | 🐌 | | | | 🦡 | |
|---|---|---|---|---|---|---|---|---|
| 🐃 | | 🐁 | | | | 9 | | 5 |
| 9 | | 🦡 | | 🦌 | 8 | | 3 | |
| | 🦌 | | 9 | | | 8 | 🐃 | |
| | 🐃 | | 🐌 | 5 | | | | 🦡 |
| | | | 8 | 🐁 | | | | |
| 8 | 🦡 | | | | 9 | | | |
| | | | | 8 | | 🦌 | | |
| | | | | | | | | 🐌 |

|  |  |  |  |  | 14 |
|---|---|---|---|---|---|
|  |  |  | 4 |  | 17 |
|  |  |  |  |  | 24 |
|  |  | 1 |  | 0 | 5 |
|  | 6 |  |  |  | 26 |
| 2 |  |  |  | 0 | 15 |
| 14 | 26 | 20 | 15 | 12 | 13 |

| | | 🐌 | | | | | 7 | |
|---|---|---|---|---|---|---|---|---|
| 6 | | 🐭 | | | | 9 | | 5 |
| 9 | | 7 | | 🦌 | 8 | | 3 | |
| | 🦌 | | 9 | | | 8 | 6 | |
| | 6 | | 🐌 | 5 | | | | 7 |
| | | 8 | 🐭 | | | | | |
| 8 | 7 | | | | 9 | | | |
| | | | 8 | | | 🦌 | | |
| | | | | | | | | 🐌 |

| | | | | | **11** |
|---|---|---|---|---|---|
| | | | 0 | 1 | **8** |
| 1 | | 1 | | | **12** |
| | | | | | **17** |
| | | | | | **10** |
| 1 | 6 | | | | **17** |
| **11** | **16** | **16** | **10** | **11** | **14** |

| | | | | | | | | |
|---|---|---|---|---|---|---|---|---|
|  |  | |  |  |  |  | 7 |  |
| 6 |  | |  |  |  | 9 |  | 5 |
| 9 |  | 7 |  | 1 | 8 |  | 3 |  |
|  | 1 |  | 9 |  |  | 8 | 6 |  |
|  | 6 |  | | 5 |  |  |  | 7 |
|  |  |  | 8 | |  |  |  |  |
| 8 | 7 |  |  |  | 9 |  |  |  |
|  |  |  |  | 8 |  | 1 |  |  |
|  |  |  |  |  |  |  |  | |

| | | | | | |
|---|---|---|---|---|---|
|  |  |  |  |  | 19 |
|  |  |  |  |  | 17 |
| 1 |  |  |  | 2 | 21 |
|  | 6 | 2 |  |  | 18 |
|  |  |  |  | 4 | 23 |
|  |  |  | 5 |  | 24 |
| 21 | 27 | 19 | 22 | 14 | 20 |

| | | | | | | | | |
|---|---|---|---|---|---|---|---|---|
| | | 2 | | | | | 7 | |
| 6 | | 4 | | | | 9 | | 5 |
| 9 | | 7 | | 1 | 8 | | 3 | |
| | 1 | | 9 | | | 8 | 6 | |
| | 6 | | 2 | 5 | | | | 7 |
| | | | 8 | 4 | | | | |
| 8 | 7 | | | | 9 | | | |
| | | | | 8 | | 1 | | |
| | | | | | | | | 2 |

| | | | | | 13 |
|---|---|---|---|---|---|
| 7 | 4 | | | | 21 |
| 5 | | | | 1 | 15 |
| | | | 5 | | 11 |
| | | | | 0 | 14 |
| | | | | | 21 |
| 29 | 17 | 15 | 13 | 8 | 16 |

B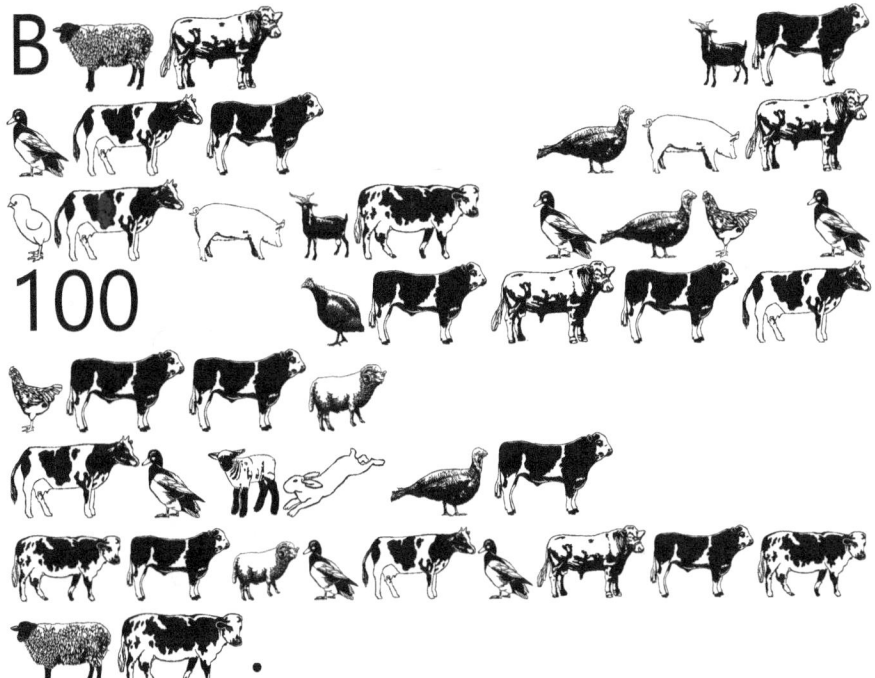

100

a
d
m
o
s

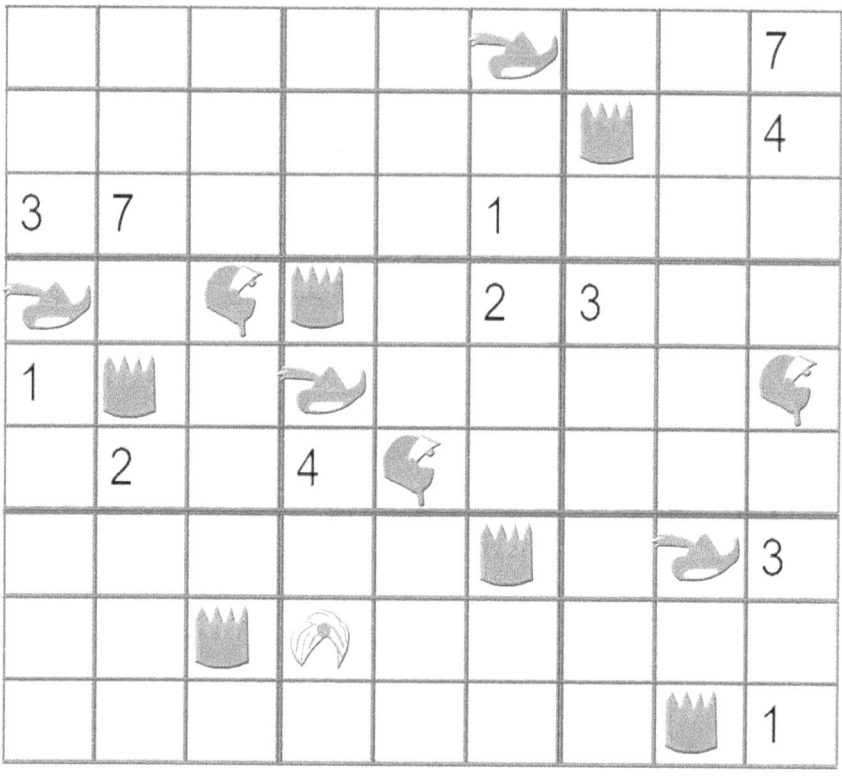

From 0 to 9

|   |   |   |   |   | 31 |
|---|---|---|---|---|----|
|   | 4 |   |   |   | 24 |
|   |   | 9 |   |   | 28 |
| 7 |   |   | 0 |   | 15 |
|   |   |   |   |   | 18 |
|   |   | 7 |   |   | 33 |
| 32 | 22 | 25 | 22 | 17 | 21 |

(Top grid, 9×9)

| | | | | | ↪ | ♛ | | 7 |
|---|---|---|---|---|---|---|---|---|
| | | | | | | ♛ | | 4 |
| 3 | 7 | | | | 1 | | | |
| ↪ | | 🐦 | ♛ | | 2 | 3 | | |
| 1 | ♛ | | ↪ | | | | | 🐦 |
| | 2 | | 4 | 🐦 | | | | |
| | | | | | ♛ | | ↪ | 3 |
| | | ♛ | 8 | | | | | |
| | | | | | | | ♛ | 1 |

(Bottom grid)

|  |  |  |  |  | **24** |
|---|---|---|---|---|---|
|  |  |  |  | 4 | 26 |
|  | 2 |  |  |  | 35 |
|  |  | 4 |  |  | 17 |
|  |  | 0 |  | 5 | 12 |
|  |  |  |  |  | 38 |
| 27 | 18 | 25 | 28 | 30 | 30 |

| | | | | | | | | 7 |
|---|---|---|---|---|---|---|---|---|
| | | | | | | 6 | | 4 |
| 3 | 7 | | | | 1 | | | |
| | | | 6 | | 2 | 3 | | |
| 1 | 6 | | | | | | | |
| | 2 | | 4 | | | | | |
| | | | | | 6 | | | 3 |
| | | 6 | 8 | | | | | |
| | | | | | | | 6 | 1 |

|  |  |  |  |  | 27 |
|---|---|---|---|---|---|
| | | | | 2 | 27 |
| | | | 8 | | 30 |
| 7 | | | | | 32 |
| | 0 | | 5 | | 29 |
| | | | | | 36 |
| 34 | 24 | 35 | 39 | 22 | 27 |

|   |   |   |   |   | 9 |   |   | 7 |
|---|---|---|---|---|---|---|---|---|
|   |   |   |   |   |   | 6 |   | 4 |
| 3 | 7 |   |   |   | 1 |   |   |   |
| 9 |   | 5 | 6 |   | 2 | 3 |   |   |
| 1 | 6 |   | 9 |   |   |   |   | 5 |
|   | 2 |   | 4 | 5 |   |   |   |   |
|   |   |   |   |   | 6 |   | 9 | 3 |
|   |   | 6 | 8 |   |   |   |   |   |
|   |   |   |   |   |   |   | 6 | 1 |

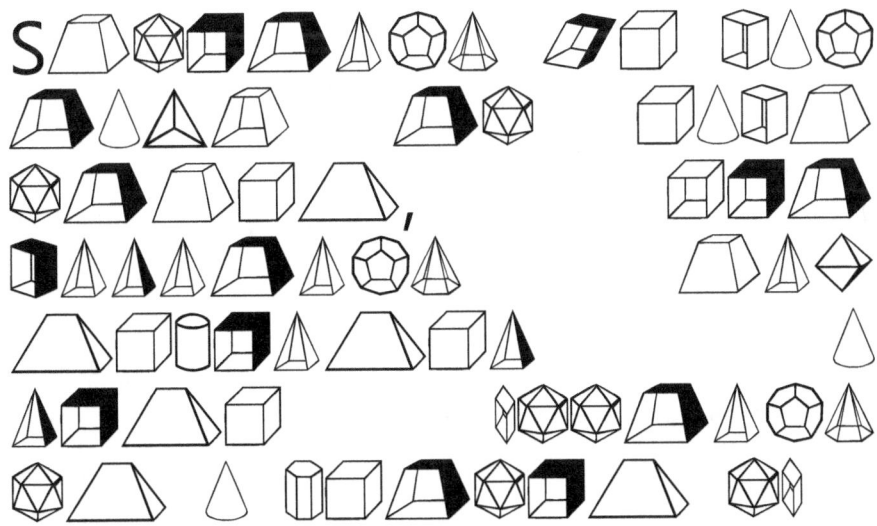

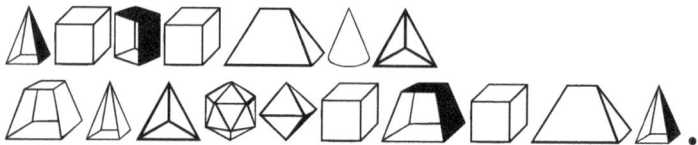

a
e
f
i
o
r
s
t

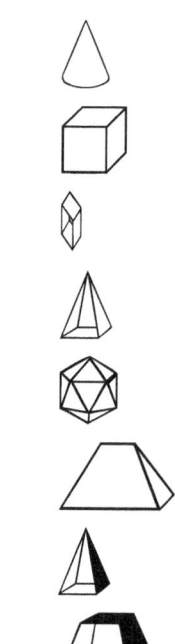

| | | | | 2 | | | | |
|---|---|---|---|---|---|---|---|---|
| | | | 9 | | | | | |
| | | 6 | | 4 | | 9 | | 8 |
| | | 8 | | 9 | | | | |
| | | | | | | | 4 | 6 |
| | | | | | | | | |
| | | | | | 6 | | | |
| | | 2 | | | 4 | | 8 | |
| | | | | | | | | |

|  |  |  |  |  | 31 |
|---|---|---|---|---|---|
| | 9 | | 2 | | 31 |
| | | | | 5 | 35 |
| | | | 5 | | 28 |
| | | | 5 | | 24 |
| | | | | | 27 |
| 35 | 26 | 33 | 24 | 27 | 30 |

| | | | | 2 | 🦁 | 🐅 | | |
|---|---|---|---|---|---|---|---|---|
| | | 3 | 9 | | | | | |
| 🦁 | | 6 | | 4 | | 9 | | 8 |
| | 🐅 | 8 | | 9 | | | | |
| | | | | | 🐅 | | 4 | 6 |
| | | | 🦁 | | | | | |
| | | | | | 6 | | | |
| | | 2 | 3 | 🐅 | 4 | | 8 | |
| | 🦁 | | | | 🐏 | | | |

|  |  |  |  |  | 24 |
|---|---|---|---|---|---|
| | 7 | | | 2 | 20 |
| | | | 6 | 8 | 16 |
| | | | | | 18 |
| | | | | | 24 |
| | | 3 | | | 23 |
| 6 | 26 | 16 | 30 | 23 | 22 |

| | | | | 2 | 🦁 | 7 | | |
|---|---|---|---|---|---|---|---|---|
| | | 3 | 9 | | | | | |
| 🦁 | | 6 | | 4 | | 9 | | 8 |
| | 7 | 8 | | 9 | | | | |
| | | | | | 7 | | 4 | 6 |
| | | | | 🦁 | | | | |
| | | | | | 6 | | | |
| | 2 | 3 | 7 | 4 | | | 8 | |
| | 🦁 | | | | | 1 | | |

|  |  |  |  |  | 37 |
|---|---|---|---|---|---|
| | 3 | | | | 16 |
| | | | | | 26 |
| | 5 | | | | 30 |
| | | | 7 | | 30 |
| | | 8 | 8 | | 34 |
| 29 | 27 | 29 | 23 | 28 | 27 |

| | | | | 2 | 5 | 7 | | |
|---|---|---|---|---|---|---|---|---|
| | | 3 | 9 | | | | | |
| 5 | | 6 | | 4 | | 9 | | 8 |
| | 7 | 8 | | 9 | | | | |
| | | | | | 7 | | 4 | 6 |
| | | | | 5 | | | | |
| | | | | | 6 | | | |
| | | 2 | 3 | 7 | 4 | | 8 | |
| | 5 | | | | | 1 | | |

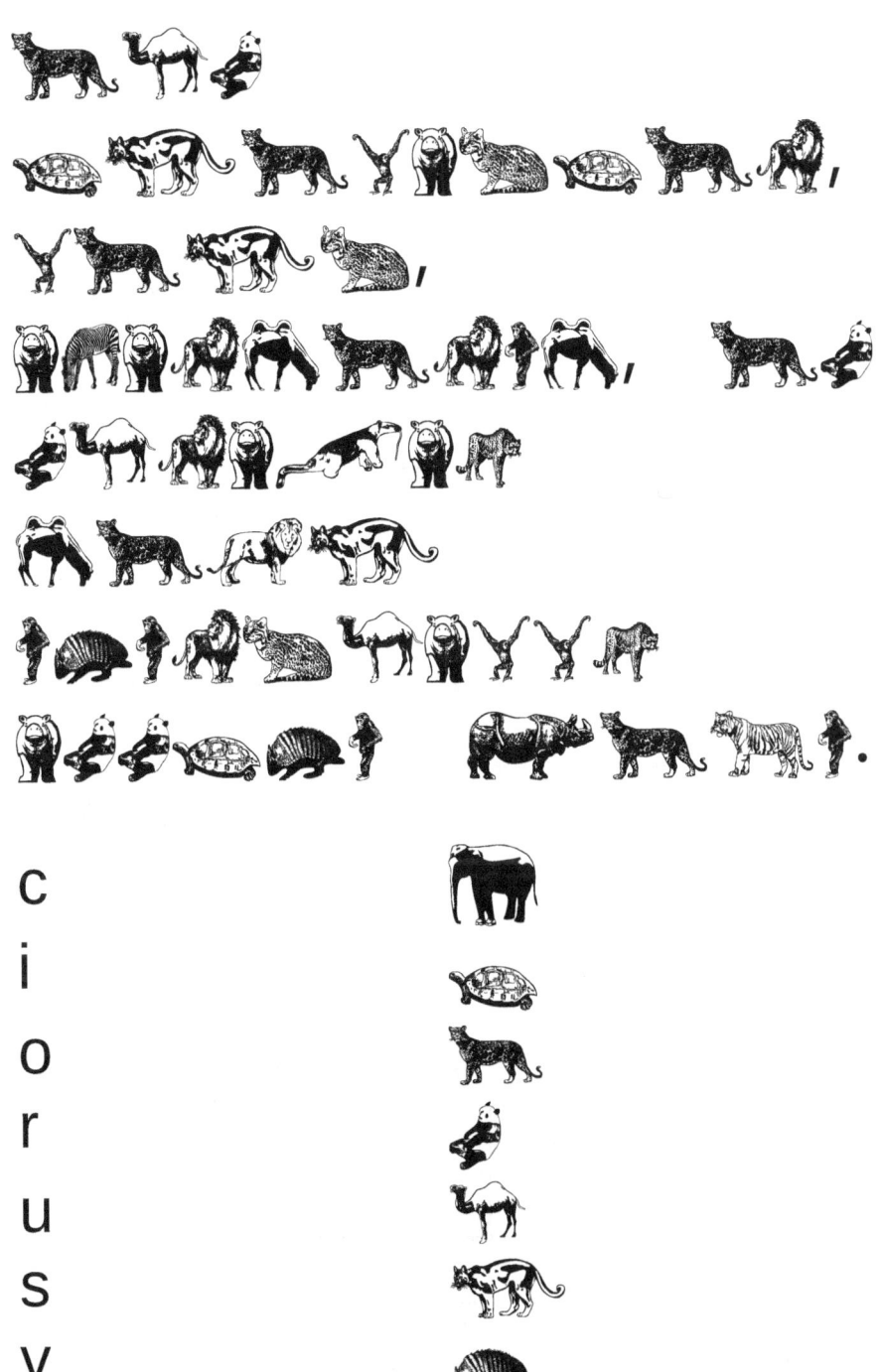

| | | | | | | | | |
|---|---|---|---|---|---|---|---|---|
| | | | | | | 7 | | |
| 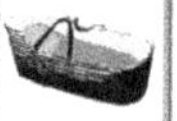 | | | | 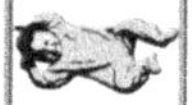 | | | 1 | |
| | | | | | 7 | 5 | 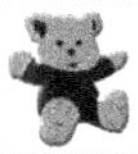 | |
| | 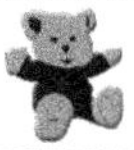 | | | | | | | |
| | | | | 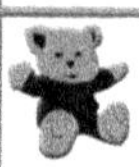 | | 2 | | |
| 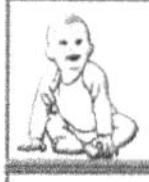 | | | | 9 | | | | 1 |
| | | | 1 | 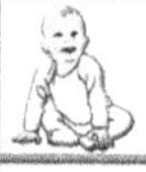 | | | | 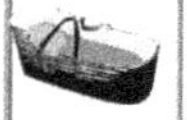 |
| | | | | | | 1 | | 9 |
| | 7 | 5 | 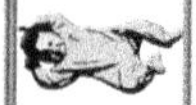 | | | | 2 | 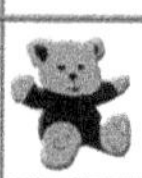 |

| | | | | | |
|---|---|---|---|---|---|
| | | | | | 24 |
| | | 1 | | | 19 |
| | | 0 | | | 12 |
| | 5 | | | | 17 |
| 7 | | | | | 32 |
| | | 5 | | | 29 |
| 21 | 24 | 21 | 17 | 26 | 27 |

| | | | | | | | | |
|---|---|---|---|---|---|---|---|---|
| | | | | | | 7 | | |
| 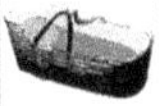 | | | | 8 | | | 1 | |
| | | | | | 7 | 5 | 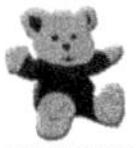 | |
| | 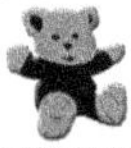 | | | | | | | |
| | | | | 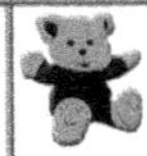 | | 2 | | |
| 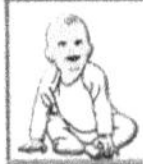 | | | | 9 | | | | 1 |
| | | | 1 | 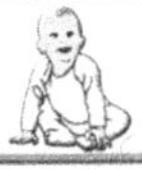 | | | | 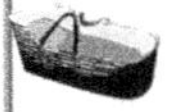 |
| | | | | | | 1 | | 9 |
| | 7 | 5 | 8 | | | | 2 | 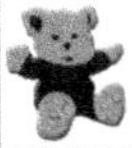 |

| | | | | | |
|---|---|---|---|---|---|
| | | | | | 25 |
| | | | 0 | | 17 |
| 9 | 5 | | | | 28 |
| | | 1 | | 9 | 26 |
| | | | | | 25 |
| | | | | | 33 |
| 31 | 26 | 15 | 21 | 36 | 23 |

| | | | | | | 7 | | |
|---|---|---|---|---|---|---|---|---|
| (boat) | | | | 8 | | | 1 | |
| | | | | | 7 | 5 | (bear) | |
| | (bear) | | | | | | | |
| | | | | (bear) | | 2 | | |
| 3 | | | | 9 | | | | 1 |
| | | 1 | 3 | | | | | (boat) |
| | | | | | | 1 | | 9 |
| | 7 | 5 | 8 | | | | 2 | (bear) |

| | | | | | 29 |
|---|---|---|---|---|---|
| | | | | | 17 |
| | | 0 | | | 26 |
| | 8 | 3 | | | 25 |
| | | | | 9 | 38 |
| 2 | | | | | 33 |
| 18 | 36 | 19 | 25 | 41 | 30 |

| | | | | | | 7 | | |
|---|---|---|---|---|---|---|---|---|
| 6 | | | | 8 | | | 1 | |
| | | | | | 7 | 5 | 4 | |
| | 4 | | | | | | | |
| | | | | 4 | | 2 | | |
| 3 | | | | 9 | | | | 1 |
| | | | 1 | 3 | | | | 6 |
| | | | | | | 1 | | 9 |
| | 7 | 5 | 8 | | | | 2 | 4 |

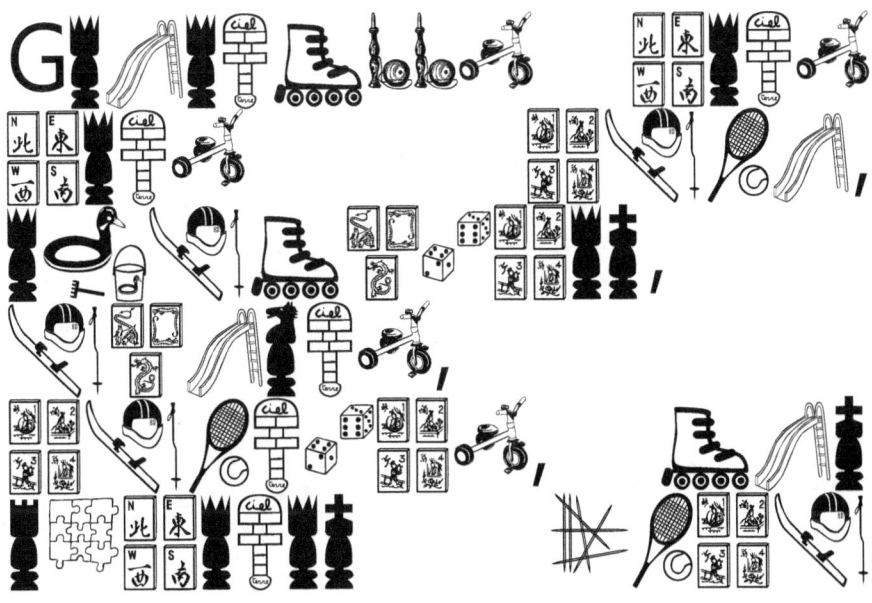

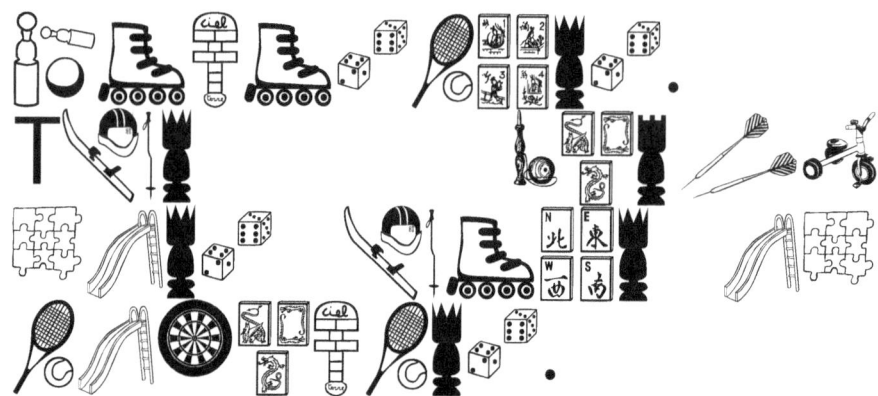

T

a
h
i
p
r
s
t
v

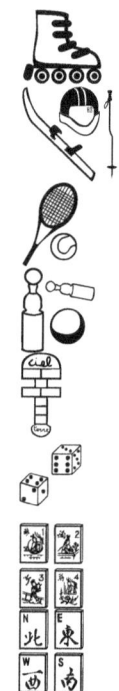

| 🐱 |  |  |  |  |  | 🐱 |  |
|---|---|---|---|---|---|---|---|
|  |  |  | 7 |  |  |  |  |
| 🐱 |  | 6 | 9 |  | 🐱 |  |  |
|  | 9 | 🐱 |  |  |  |  |  |
|  | 7 |  |  |  |  |  | 🐱 |
|  |  |  | 4 |  |  | 🐱 | 6 |
|  | 🐱 | 6 |  |  |  | 9 | 🐱 |
|  |  |  |  |  |  | 6 |  |
| 4 |  | 🐱 |  |  |  | 7 |  |

| | + | 5 | + | | **16** |
|---|---|---|---|---|---|
| + | ■ | + | ■ | − | |
| | + | | − | | **−5** |
| − | ■ | − | ■ | − | |
| | + | 3 | + | 6 | **18** |
| **−4** | | **4** | | **−7** | |

| | | | | | | | | |
|---|---|---|---|---|---|---|---|---|
| 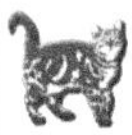 | | | | | | | 3 | |
| | | | | 7 | | | | |
| 3 | | | 6 | 9 | | 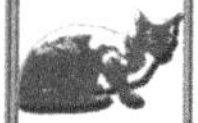 | | |
| | 9 | 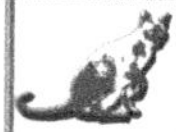 | | | | | | |
| | 7 | | | | | | | 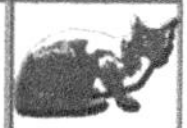 |
| | | | 4 | | | | 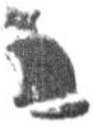 | 6 |
| | 3 | 6 | | | | 9 | | 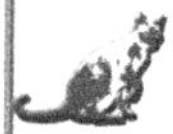 |
| | | | | | | 6 | | |
| 4 | | | 3 | | | | 7 | |

| | | | | | |
|---|---|---|---|---|---|
| | – | | – | | –8 |
| – | ■ | – | ■ | + | |
| | – | | + | | 0 |
| + | ■ | + | ■ | + | |
| 3 | – | 2 | + | 8 | 9 |
| 2 | | 4 | | 13 | |

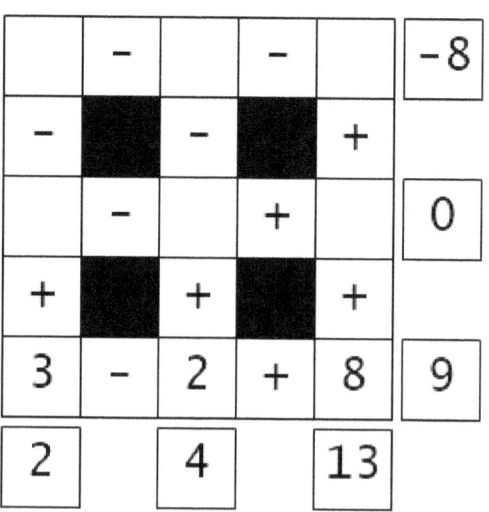

| | | | | | | | | |
|---|---|---|---|---|---|---|---|---|
| 5 | | | | | | | 3 | |
| | | | | 7 | | | | |
| 3 | | | 6 | 9 | | 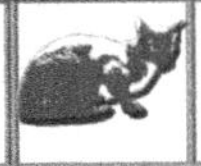 | | |
| | 9 | 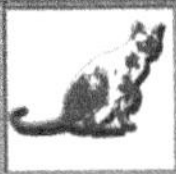 | | | | | | |
| | 7 | | | | | | | 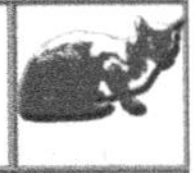 |
| | | | 4 | | | | 2 | 6 |
| | 3 | 6 | | | | 9 | | 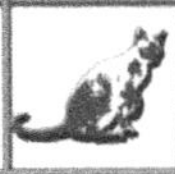 |
| | | | | | | 6 | | |
| 4 | | | 3 | | | | 7 | |

| | | | | | |
|---|---|---|---|---|---|
| | - | | - | | -11 |
| + | | + | | + | |
| 2 | + | 7 | + | | 18 |
| + | | + | | - | |
| | + | | - | 1 | 8 |
| 9 | | 20 | | 14 | |

| 5 |   |   |   |   |   |   | 3 |   |
|   |   |   |   | 7 |   |   |   |   |
| 3 |   |   | 6 | 9 |   | 1 |   |   |
|   | 9 | 8 |   |   |   |   |   |   |
|   | 7 |   |   |   |   |   |   | 1 |
|   |   |   | 4 |   |   |   | 2 | 6 |
|   | 3 | 6 |   |   |   | 9 |   | 8 |
|   |   |   |   |   |   | 6 |   |   |
| 4 |   |   | 3 |   |   |   | 7 |   |

 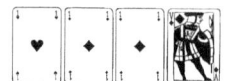  

f

n

c

s

u t | o d y | e v e | r y b | , | b | c u t e | c | t h

s . | T r u s t | a r d

|   | − | 6 | + |   | **1** |
|---|---|---|---|---|---|
| − | ■ | + | ■ | − |   |
|   | − |   | + | 4 | **3** |
| − | ■ | + | ■ | + |   |
|   | − | 9 | + |   | **−5** |
| **−5** |   | **23** |   | **−1** |   |

e

l

m

p

r

| | | | | | | | | |
|---|---|---|---|---|---|---|---|---|
| | | | 8 | 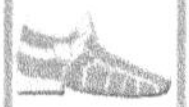 | | | | 4 |
| | 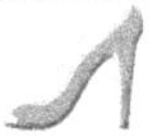 | | | | | | | |
| 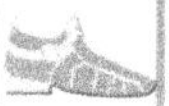 | 9 | | | | 7 | | | |
| | | | | | | 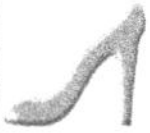 | | 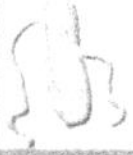 |
| | 8 | | | | 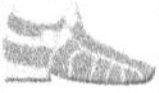 | | | |
| | | 2 | 4 | 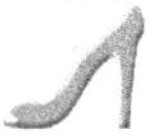 | | 8 | | |
| | | 5 | | | | 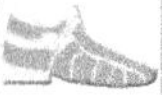 | | |
| | | 4 | | | 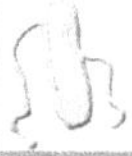 | | 2 | 8 |
| | | 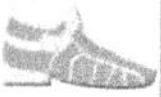 | | | 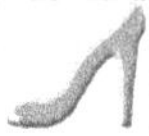 | 9 | | |

| | | | | | |
|---|---|---|---|---|---|
| 1 | + | | − | | 3 |
| − | | + | | − | |
| | − | 3 | + | | 10 |
| − | | + | | − | |
| | + | | − | 6 | 0 |
| −6 | | 16 | | −7 | |

Top grid (9×9):

| | | | 8 |  👟 | | | | 4 |
|---|---|---|---|---|---|---|---|---|
| |  👠 | | | | | | | |
|  👟 | 9 | | | | 7 | | | |
| | | | | | |  👠 | | 6 |
| | 8 | | | 👟 |  | | | |
| | 2 | 4 | 👠 | | 8 | | | |
| | 5 | | | | | 👟 | | |
| | 4 | | | 6 | | | 2 | 8 |
| | | 👟 | | 👠 | 9 | | | |

Bottom math grid:

| 6 | − | | − | | **1** |
|---|---|---|---|---|---|
| − | ■ | − | ■ | + | |
| 1 | + | | + | | **18** |
| − | ■ | − | ■ | + | |
| | + | 5 | + | | **16** |
| **−2** | | **−12** | | **15** | |

| | | | 8 | 1 | | | | 4 |
|---|---|---|---|---|---|---|---|---|
| | 3 | | | | | | | |
| 1 | 9 | | | | 7 | | | |
| | | | | | | 3 | | 6 |
| | 8 | | | | 1 | | | |
| | | 2 | 4 | 3 | | 8 | | |
| | | 5 | | | | 1 | | |
| | | 4 | | | 6 | | 2 | 8 |
| | | 1 | | | 3 | 9 | | |

c

d

i

r

s

t

| | 8 | 4 | 3 | | | | | |
|---|---|---|---|---|---|---|---|---|
| | | 🍃 | 4 | | | | | 1 |
| | | | | | | 🍃 | | |
| | 5 | | | 🍃 | 🍃 | | | |
| | 3 | | | | 🍃 | | | |
| | 🍃 | 🍃 | | | | | 4 | 🍃 |
| | | 8 | 1 | | | 3 | | |
| 🍃 | 🍃 | | | 🍃 | | 5 | | |
| | | | | | | | | |

| | + | | − | | 13 |
|---|---|---|---|---|---|
| + | ■ | + | ■ | − | |
| 5 | − | 1 | − | | 2 |
| + | ■ | − | ■ | + | |
| | − | | + | 3 | 2 |
| 20 | | 2 | | 5 | |

| | 8 | 4 | 3 | | | | | |
|---|---|---|---|---|---|---|---|---|
| | | | 4 | | | | | 1 |
| | | | | | | | | |
| | 5 | | | | 6 | | | |
| | 3 | | | | | | | |
| | | | | | | | 4 | 6 |
| | | | 8 | 1 | | | 3 | |
| 6 | | | | | | 5 | | |
| | | | | | | | | |

| | + | | − | 2 | **6** |
|---|---|---|---|---|---|
| + | ■ | + | ■ | + | |
| | − | 6 | − | | **−5** |
| + | ■ | − | ■ | − | |
| 4 | − | | + | | **12** |
| **15** | | **10** | | **0** | |

| | | | | | | | | |
|---|---|---|---|---|---|---|---|---|
| | 8 | 4 | 3 | | | | | |
| | | 9 | 4 | | | | | 1 |
| | | | | | | 9 | | |
| | 5 | | | 9 | 6 | | | |
| | 3 | | | |  | | | |
| |  |  | | | | | 4 | 6 |
| | | | 8 | 1 | | | 3 | |
| 6 | 9 | | |  | | 5 | | |
| | | | | | | | | |

| | | | | | |
|---|---|---|---|---|---|
| 4 | + | | - | 3 | 9 |
| + | ■ | + | ■ | + | |
| | + | | - | 2 | 8 |
| + | ■ | - | ■ | + | |
| | + | | - | | 4 |
| 18 | | 3 | | 12 | |

|   | 8 | 4 | 3 |   |   |   |   |   |
|---|---|---|---|---|---|---|---|---|
|   |   | 9 | 4 |   |   |   |   | 1 |
|   |   |   |   |   |   | 9 |   |   |
|   | 5 |   |   | 9 | 6 |   |   |   |
|   | 3 |   |   |   | 2 |   |   |   |
|   | 2 | 7 |   |   |   |   | 4 | 6 |
|   |   |   | 8 | 1 |   |   | 3 |   |
| 6 | 9 |   |   | 7 |   | 5 |   |   |
|   |   |   |   |   |   |   |   |   |

a

e

t

o

s

Top grid values: 9, 6, 3, 6, 9, 5, 5, 3, 6, 6

|   | − | 6 | − |   | + |   | −15 |
|---|---|---|---|---|---|---|---|
| + | ■ | + | ■ |   | + | ■ | − |
|   | + | 1 | + |   | − | 11 | 1 |
| − | ■ | + | ■ | + | ■ | + |   |
|   | + | 15 | + |   | − |   | 19 |
| − | ■ | − | ■ | − | ■ | − |   |
|   | − |   | − |   | + |   | 1 |
| 0 |   | 14 |   | 21 |   | −5 |   |

| | | 🍲 | | | | | | |
|---|---|---|---|---|---|---|---|---|
| 9 | | 6 | 3 | | | | | |
| | | | | | 2 | | | |
| | 🥤 | | | | | | | |
| | | | | 🍲 | | | | 6 |
| | 2 | | | | | | | 🍲 |
| | | 9 | | | | 5 | 2 | |
| | 5 | 3 | | 6 | | | | |
| | | | | | | 6 | 🥤 | |

|   | + | 8 | + |   | − | 14 | **21** |
|---|---|---|---|---|---|---|---|
| − | ■ | − | ■ | − | ■ | + |   |
|   | + | 7 | − |   | + |   | **21** |
| + | ■ | + | ■ | − | ■ | − |   |
|   | − |   | + |   | − |   | **12** |
| − | ■ | + | ■ | + | ■ | − |   |
|   | + |   | − |   | + | 3 | **2** |
| **11** | | **7** | | **9** | | **21** | |

| | | | | | | | | |
|---|---|---|---|---|---|---|---|---|
| | | 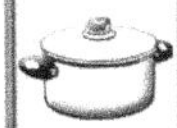 | | | | | | |
| 9 | | 6 | 3 | | | | | |
| | | | | | 2 | | 4 | |
| | 8 | | | | | | | |
| | | | | 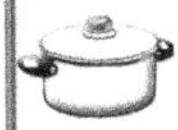 | | | | 6 |
| | 2 | | | | | | | 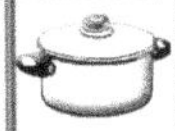 |
| | | 9 | | | | 5 | 2 | 4 |
| | 5 | 3 | | 6 | 4 | | | |
| | | | | | | 6 | 8 | |

| | | | | | | | |
|---|---|---|---|---|---|---|---|
| | − | | + | 13 | + | | 32 |
| + | ■ | + | ■ | − | ■ | + | |
| | − | 8 | + | | + | 15 | 23 |
| + | ■ | − | ■ | − | ■ | − | |
| | − | | + | 11 | + | | 3 |
| − | ■ | − | ■ | + | ■ | − | |
| | − | | − | | + | | 12 |
| 15 | | −2 | | −7 | | 16 | |

| | | 1 | | | | | | |
|---|---|---|---|---|---|---|---|---|
| 9 | | 6 | 3 | | | | | |
| | | | | | 2 | | 4 | |
| | 8 | | | | | | | |
| | | | | 1 | | | | 6 |
| | 2 | | | | | | | 1 |
| | | 9 | | | | 5 | 2 | 4 |
| | 5 | 3 | | 6 | 4 | | | |
| | | | | | | 6 | 8 | |

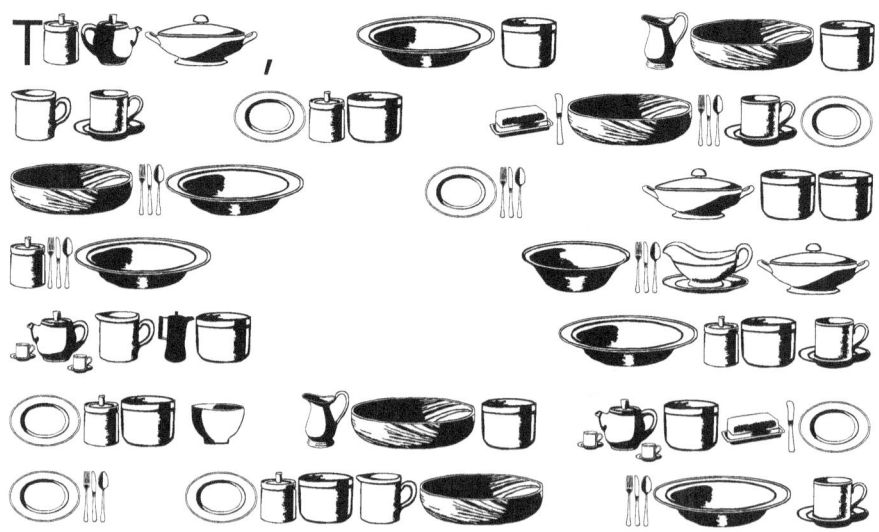

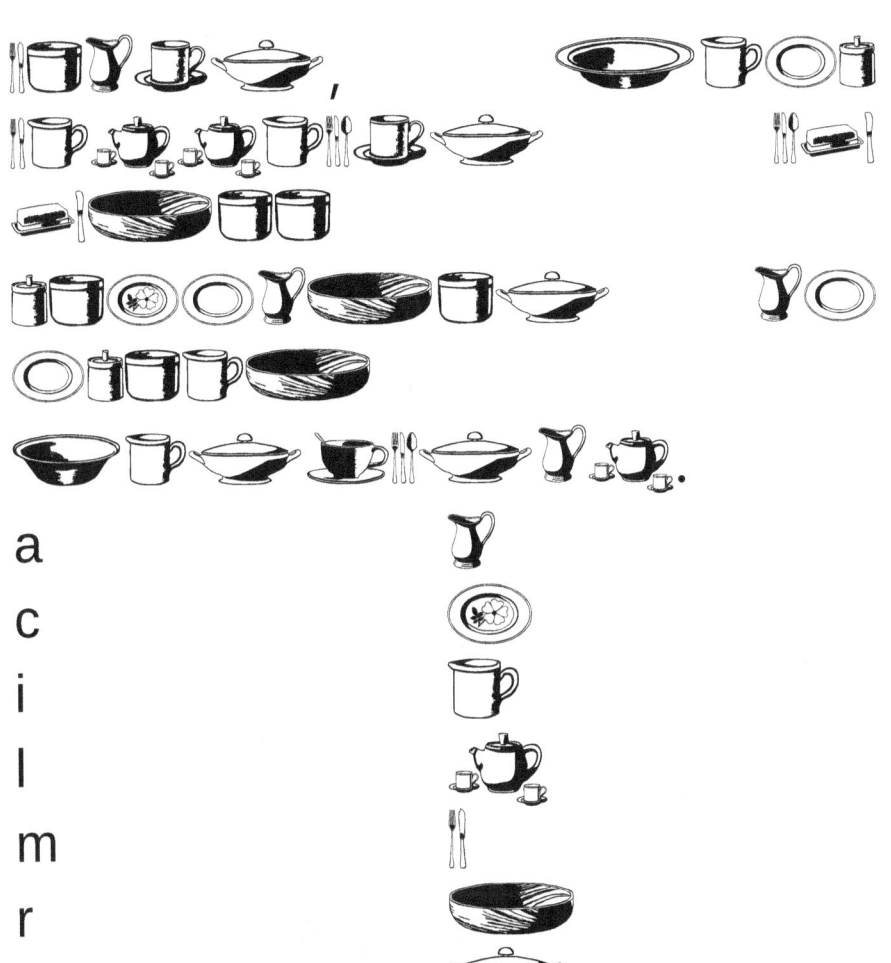

| | | | | | | | | |
|---|---|---|---|---|---|---|---|---|
| | | | | | | 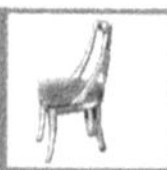 | | 6 |
| | | | | | | 1 | 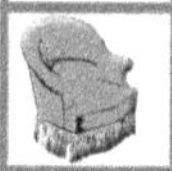 | |
| 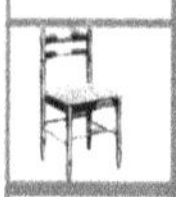 | | | 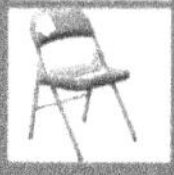 | | | | | |
| | | | 4 | 6 | | | 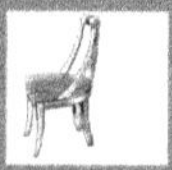 | |
| | | 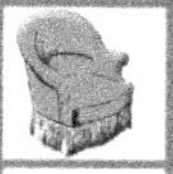 | 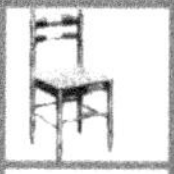 |  | 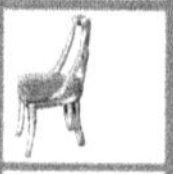 | | | |
| 6 | | | | | | | 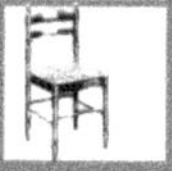 | 1 |
| | 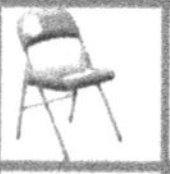 | | 1 | | 6 | | | |
| | | | | | | 6 | 4 | |
| 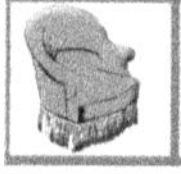 | 6 | 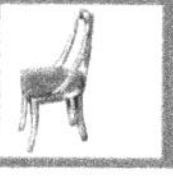 | | | | 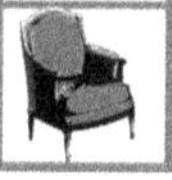 | | |

| | | | | | | | |
|---|---|---|---|---|---|---|---|
| | - | | + | | - | | 10 |
| - | | - | | + | | + | |
| 3 | - | | - | | + | | -14 |
| + | | - | | - | | + | |
| 15 | - | | - | 6 | - | | -15 |
| + | | - | | - | | - | |
| 9 | - | | + | | - | | -3 |
| 28 | | -29 | | 18 | | 29 | |

| | | | | | | | | |
|---|---|---|---|---|---|---|---|---|
| | | | | | | 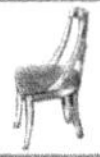 | | 6 |
| | | | | | | 1 | 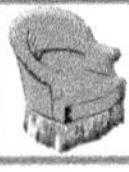 | |
| 3 | | | 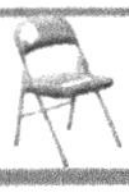 | | | | | |
| | | | 4 | 6 | | | 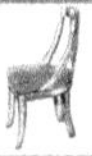 | |
| | | 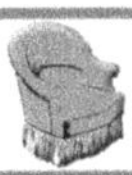 | 3 | 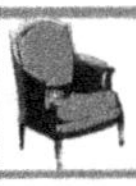 | 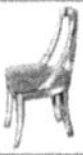 | | | |
| 6 | | | | | | | 3 | 1 |
| | 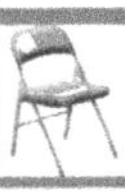 | | 1 | | 6 | | | |
| | | | | | | 6 | 4 | |
| 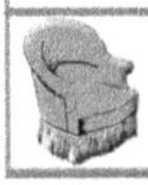 | 6 | 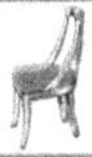 | | | | 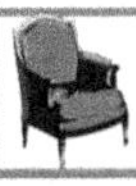 | | |

| | | | | | | | |
|---|---|---|---|---|---|---|---|
| | - | | - | 12 | + | | -13 |
| + | ■ | - | ■ | + | ■ | + | |
| | + | 9 | + | | - | | 24 |
| - | ■ | - | ■ | + | ■ | + | |
| | - | 16 | - | | - | | -32 |
| - | ■ | - | ■ | - | ■ | + | |
| | - | 15 | + | | - | | -5 |
| 5 | | -34 | | 19 | | 22 | |

| | | | | | | 8 | | 6 |
|---|---|---|---|---|---|---|---|---|
| | | | | | | 1 | 🪑 | |
| 3 | | | 9 | | | | | |
| | | | 4 | 6 | | | 8 | |
| | | 🪑 | 3 | 🪑 | 8 | | | |
| 6 | | | | | | | 3 | 1 |
| | 9 | | 1 | | 6 | | | |
| | | | | | | | 6 | 4 |
| 🪑 | 6 | 8 | | | | 🪑 | | |

| | + | | + | | + | | 39 |
|---|---|---|---|---|---|---|---|
| − | | − | | + | | + | |
| 3 | − | | − | 2 | + | 12 | 6 |
| − | | + | | − | | + | |
| | + | | + | 9 | − | | 10 |
| − | | − | | + | | + | |
| | + | | − | | − | | −13 |

| −1 | | −11 | | 22 | | 48 |

| | | | | | | 8 | | 6 |
|---|---|---|---|---|---|---|---|---|
| | | | | | | 1 | 7 | |
| 3 | | | 9 | | | | | |
| | | | 4 | 6 | | | 8 | |
| | | 7 | 3 | 5 | 8 | | | |
| 6 | | | | | | | 3 | 1 |
| | 9 | | 1 | | 6 | | | |
| | | | | | | 6 | 4 | |
| 7 | 6 | 8 | | | | 5 | | |

a

b

c

d

e

f

g

h

i

# Experts

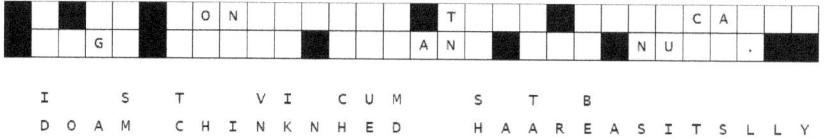

According to John Steinbeck

I   S   T   V I   C U M    S   T   B
D O A M   C H I N K N H E D    H A A R E A S I T S L L Y

| | | | | | | | | |
|---|---|---|---|---|---|---|---|---|
| | | | | 7 | | 8 | | |
| | | 1 | | | | | 7 | |
|  | 9 | 7 | | |  | | | |
| | | | | | | |  |  |
| | | 6 | 1 | 8 | | 7 | | |
| | | | | | | |  | |
| 1 | | 8 | | | | 5 | | |
| | | | 7 | |  | | | |
| | | | | | | | | |

| | | | | | | | | | | | | | | | | | | | | | | | | | | | | | |
|---|---|---|---|---|---|---|---|---|---|---|---|---|---|---|---|---|---|---|---|---|---|---|---|---|---|---|---|---|---|
| ■ | | ■ | | | ■ | | O | | | I | | | | | ■ | T | | | | ■ | | | | | | A | | L | Y |
| ■ | | | | | ■ | | H | | | | ■ | | | | | N | | ■ | | | | ■ | | U | T | | . | ■ | ■ |

D A M T I N C U D S A E S

I O G S C N V K N H E M A H A T R B A N I C S L

|   |   |   |   | 7 |   | 8 |   |   |
|---|---|---|---|---|---|---|---|---|
|   |   | 1 |   |   |   |   | 7 |   |
| 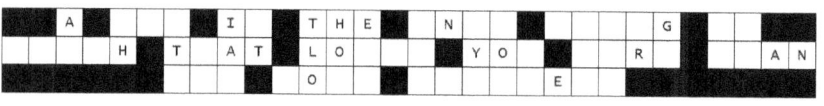 | 9 | 7 |   |   |   |   |   |   |
|   |   |   |   |   |   |   |   |   |
|   |   | 6 | 1 | 8 |   | 7 |   |   |
|   |   |   |   |   |   |   | 2 |   |
| 1 |   | 8 |   |   |   | 5 |   |   |
|   |   |   | 7 |   |   |   |   |   |
|   |   |   |   |   |   |   |   |   |

```
  A        I     T H     N             G
     H  T  A T  L O        Y O       R        A N
              O        E
```

```
                     Y              L F
        G H            E      O    U R S    M O        T N
E A R T D O Y O U S L   V V E S O L Y U T H I N E    O H
```

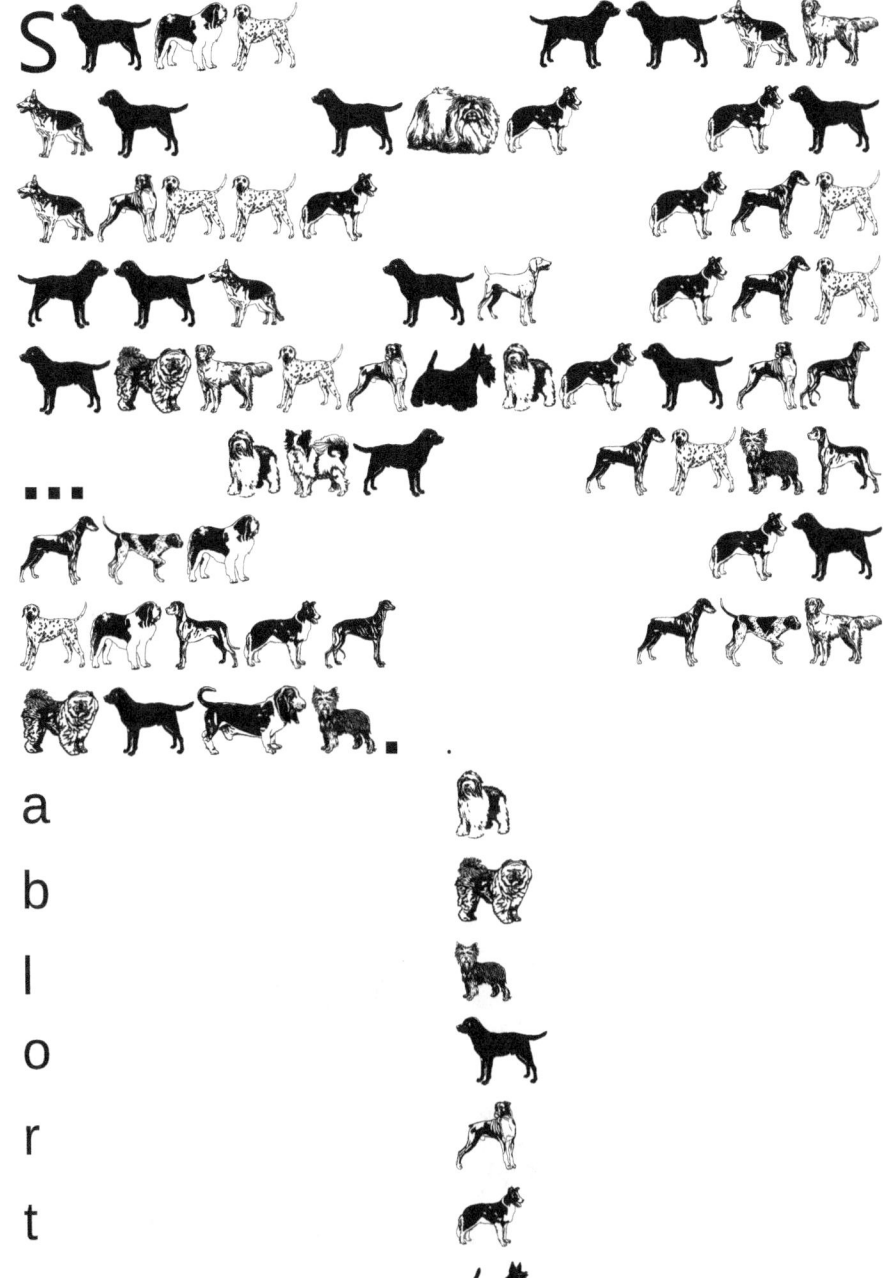

| 1 | + | 3 | + |   | 11 |
|---|---|---|---|---|----|
| + |   | + |   | + |    |
|   | × | 4 | + | 6 | 26 |
| + |   | × |   | × |    |
| 2 | × |   | + |   | 26 |
| 8 |   | 39 |   | 55 |   |

| | | | | | | | | |
|---|---|---|---|---|---|---|---|---|
| | | | | | 6 | | | |
| | | | | | 3 | | 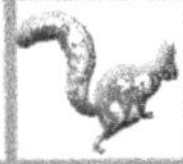 | |
| | 1 | | | | | 9 | | |
| 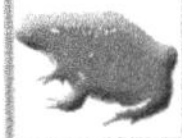 | | | | | | | | |
| 3 | | 6 | | | | | 7 | |
| | | | 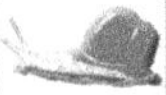 | 4 | | 5 | 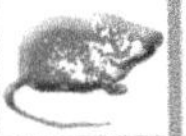 | |
| | | | | 5 | | | 6 | |
| | 8 | | 9 | 6 | | | | |
| | | | | | | | | 2 |

| | | | | | | | |
|---|---|---|---|---|---|---|---|
| | × | | + | | + | | 44 |
| × | | × | | × | | × | |
| 1 | × | | ÷ | | + | | 13 |
| + | | + | | + | | + | |
| 4 | × | 10 | + | | + | | 63 |
| + | | + | | + | | + | |
| 13 | × | | + | | + | | 225 |
| 22 | | 81 | | 34 | | 79 | |

| | × | 7 | − | 8 | 55 |
|---|---|---|---|---|---|
| − | | − | | − | |
| | + | 1 | × | 3 | 5 |
| − | | × | | × | |
| | + | 6 | − | | 5 |
| 3 | | 1 | | −7 | |

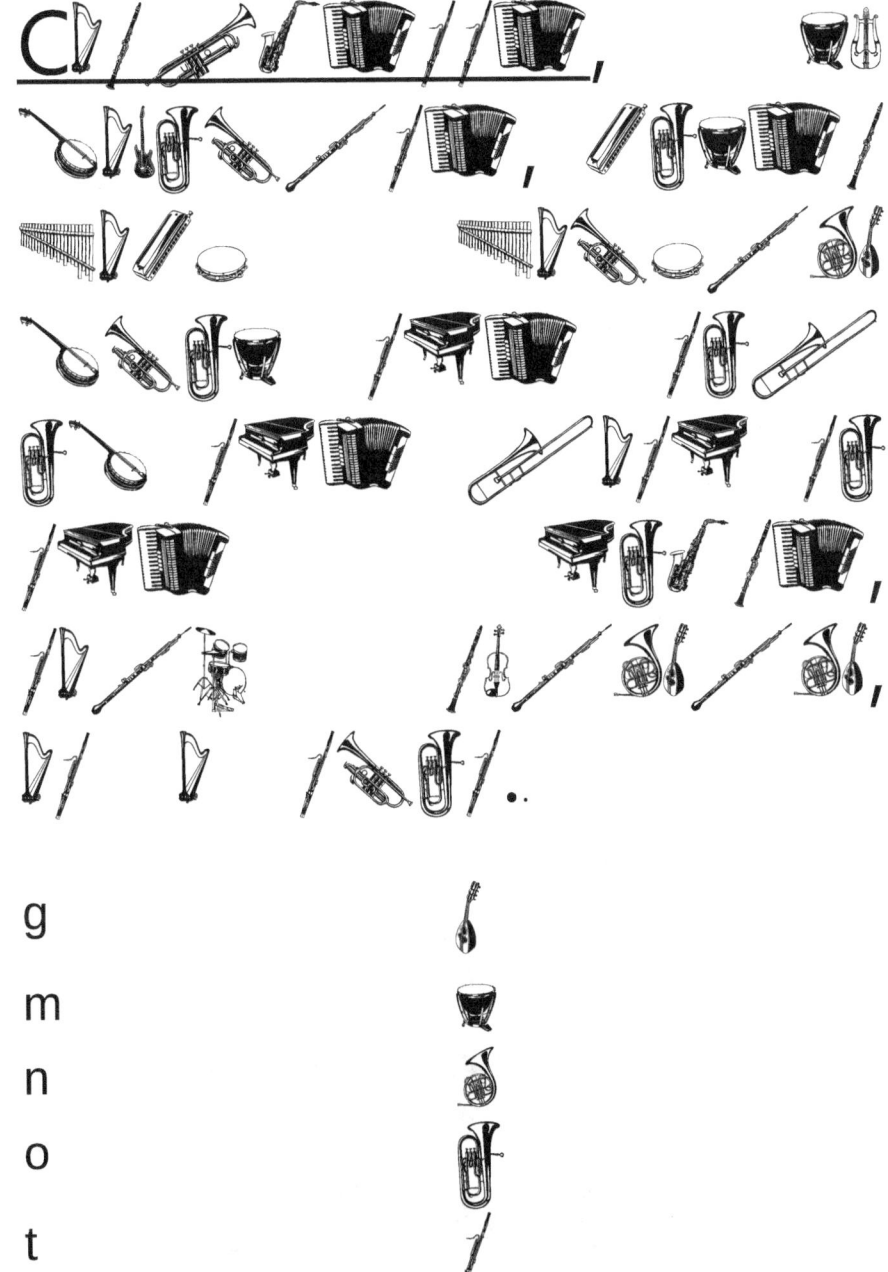

|    | +  | 5  | ×  |    | −  |    | 19 |
|----|----|----|----|----|----|----|----|
| +  |    | +  |    | +  |    | ×  |    |
| 12 | ×  |    | +  |    | −  |    | 48 |
| +  |    | ×  |    | +  |    | +  |    |
|    | +  | 8  | +  |    | −  |    | 24 |
| +  |    | −  |    | ×  |    | −  |    |
| 11 | +  |    | −  |    | +  |    | 17 |
| 51 |    | 15 |    | 108 |   | 30 |    |

## Symbol Grid

| | 7 | | | | 4 | 8 | | 🐦 |
|---|---|---|---|---|---|---|---|---|
| | 9 | | 🐦 | | | | | |
| | 🎩 | 2 | | | | | | |
| | | | 2 | | | | | |
| 7 | | | | 🐦 | | | | 1 |
| | 4 | 9 | | | | | | |
| 👑 | | | | | 7 | | | |
| | | | | | | 7 | | |
| | | 7 | | 8 | 9 | | 2 | |

## Number Grid

| 16 | − | | ÷ | | − | 3 | 11 |
|---|---|---|---|---|---|---|---|
| − | ■ | − | ■ | − | ■ | − | |
| 1 | − | | ÷ | | − | | −15 |
| − | ■ | − | ■ | − | ■ | − | |
| 11 | − | | − | | − | | −18 |
| − | ■ | − | ■ | − | ■ | − | |
| | − | | − | | ÷ | | −9 |
| 2 | | −19 | | −19 | | −32 | |

| | | | | | | | | |
|---|---|---|---|---|---|---|---|---|
| | 7 | | | | 4 | 8 | | 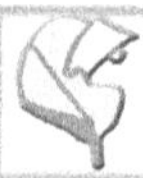 |
| | 9 | | 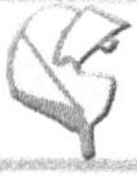 | | | | | |
| |  | 2 | | | | | | |
| | | | 2 | | | | | |
| 7 | | | | | 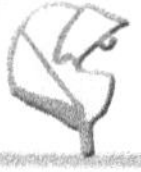 | | | 1 |
| | | 4 | 9 | | | | | |
| 6 | | | | | 7 | | | |
| | | | | | | 7 | | |
| | | 7 | | 8 | 9 | | 2 | |

| | | | | | |
|---|---|---|---|---|---|
| | × | | + | | 31 |
| − | ■ | + | ■ | − | |
| 2 | × | | + | 8 | 18 |
| + | ■ | − | ■ | + | |
| | × | 6 | + | 1 | 55 |
| 14 | | 3 | | −4 | |

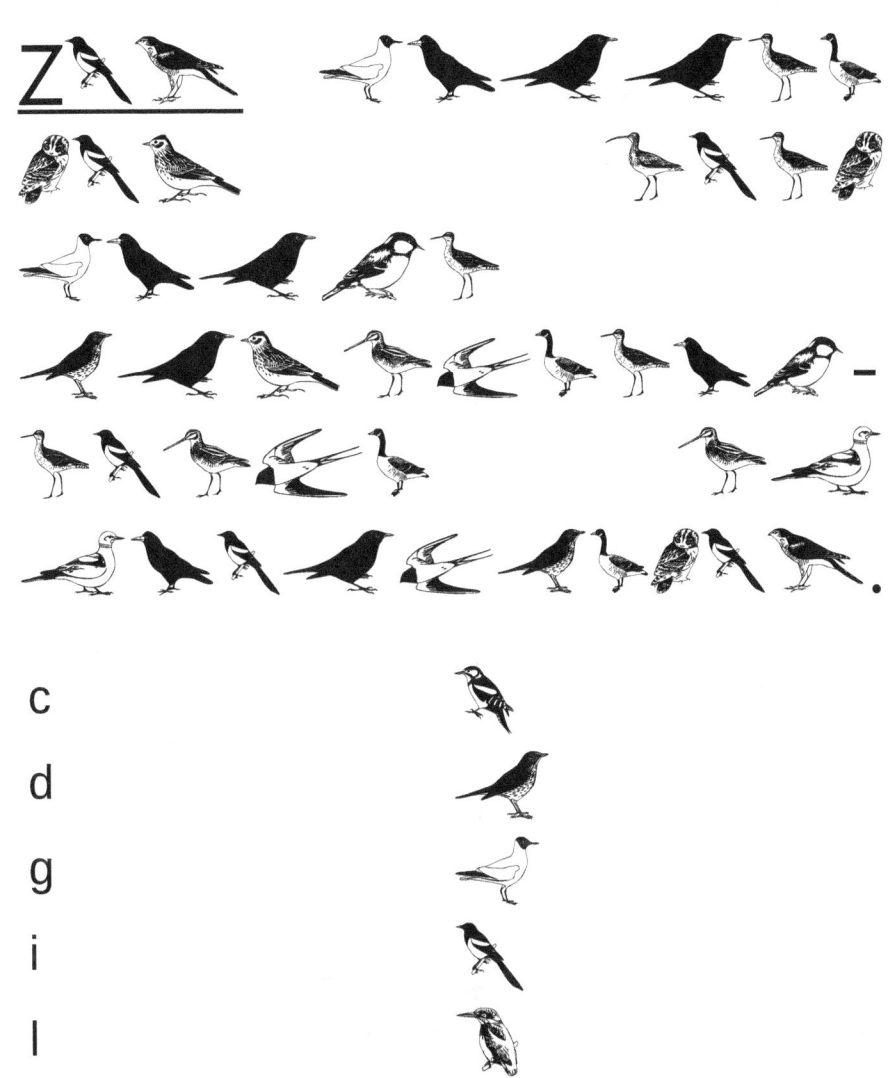

| | | | | | | | | |
|---|---|---|---|---|---|---|---|---|
| | | | | | 8 | | 7 | |
| 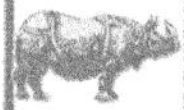 | 6 | | | | | | | |
| 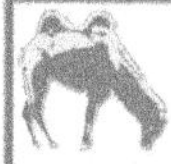 | | 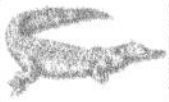 | | | | | | |
| | | | 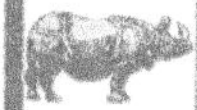 | 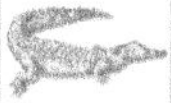 | | | | |
| | | | | | | | 3 | |
| | 3 | 6 | 7 | | | 5 | | |
| | 8 | | | | 5 | 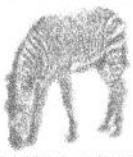 | | |
| | | 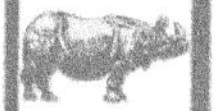 | | | | | | 6 |
| | | | | 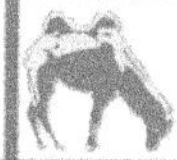 | | | | 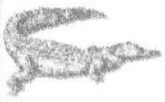 |

| | | | | | | | |
|---|---|---|---|---|---|---|---|
| | + | 13 | + | | - | | 27 |
| + | | × | | + | | + | |
| 1 | - | 4 | + | 6 | - | | -6 |
| - | | + | | × | | - | |
| | - | | - | 2 | - | | -11 |
| - | | - | | + | | - | |
| | + | | - | | + | | 34 |
| -7 | | 41 | | 35 | | -4 | |

| | | | | | 8 | | 7 | |
|---|---|---|---|---|---|---|---|---|
| 🦏 | 6 | | | | | | | |
| 1 | | 🐊 | | | | | | |
| | | | 🦏 | 🐊 | | | | |
| | | | | | | | 3 | |
| | 3 | 6 | 7 | | | 5 | | |
| | 8 | | | | 5 | 🦓 | | |
| | | 🦏 | | | | | | 6 |
| | | | 1 | | | | | 🐊 |

| | − | 14 | + | | × | | 37 |
|---|---|---|---|---|---|---|---|
| − | ■ | × | ■ | × | ■ | − | |
| | − | 4 | − | | + | | 13 |
| × | ■ | + | ■ | + | ■ | × | |
| | × | 15 | − | 6 | − | | 30 |
| − | ■ | + | ■ | − | ■ | − | |
| 8 | − | | + | | − | | −10 |
| −43 | | 84 | | 59 | | −141 | |

|   | − |   | × | 8 | −13 |
|---|---|---|---|---|-----|
| − | ■ | + | ■ | ÷ |     |
|   | − | 1 | + |   | 10  |
| × | ■ | × | ■ | − |     |
| 5 | × | 9 | + |   | 51  |
| −32 |  | 11 |  | −4 |   |

I  .

e

i

l

p

d

s

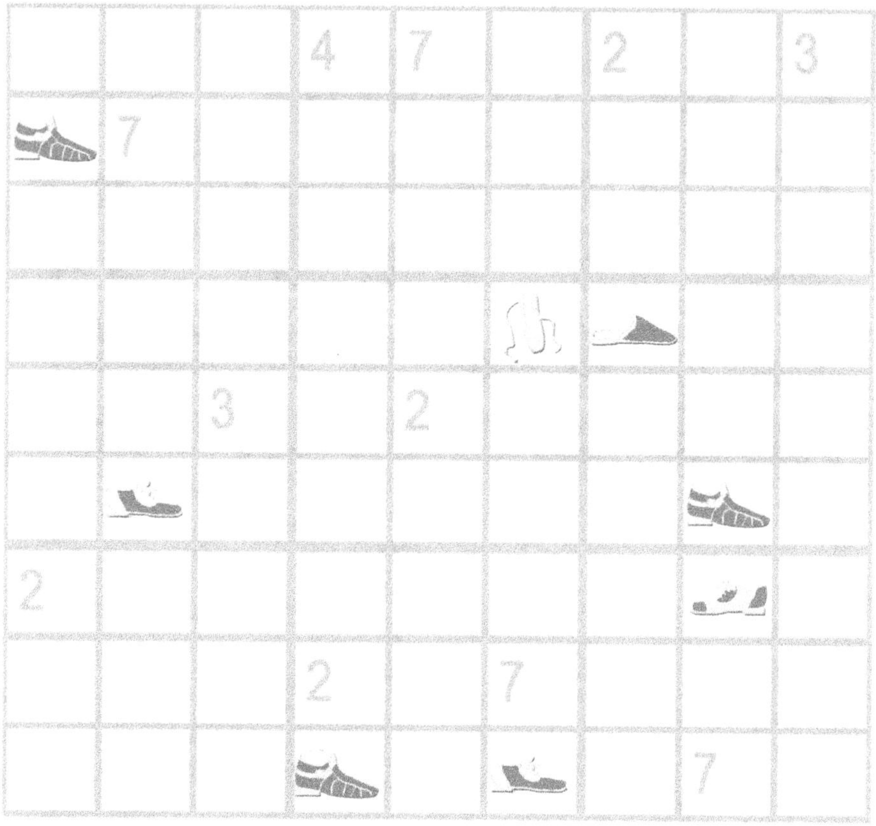

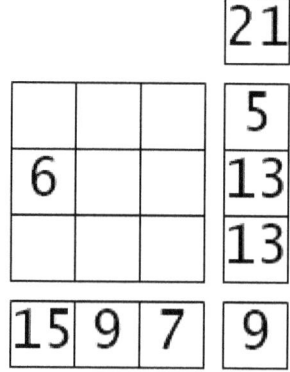

From 0 to 9

21
5
6    13
     13
15 9 7 9

|   |   |   |   | 15 |
|---|---|---|---|----|
|   |   |   |   | 12 |
| 2 |   |   |   | 19 |
|   |   |   |   | 26 |
|   |   |   |   | 9  |
| 20 | 11 | 17 | 18 | 20 |

| | | | | | | | | |
|---|---|---|---|---|---|---|---|---|
| | | | 4 | 7 | | 2 | | 3 |
| 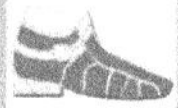 | 7 | | | | | | | |
| | | | | | | | | |
| | | | | | 6 | 9 | | |
| | | 3 | | 2 | | | | |
| | 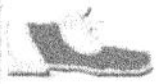 | | | | | | 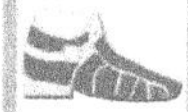 | |
| 2 | | | | | | | 8 | |
| | | | 2 | | 7 | | | |
| | | | 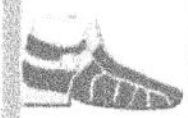 | | 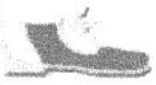 | | 7 | |

| | | | | | |
|---|---|---|---|---|---|
| 2 | + | | − | | 7 |
| + | | − | | − | |
| | − | 8 | + | 7 | 0 |
| × | | + | | + | |
| | + | | − | 3 | 8 |
| 8 | | 6 | | 0 | |

b

c

d

g

n

o

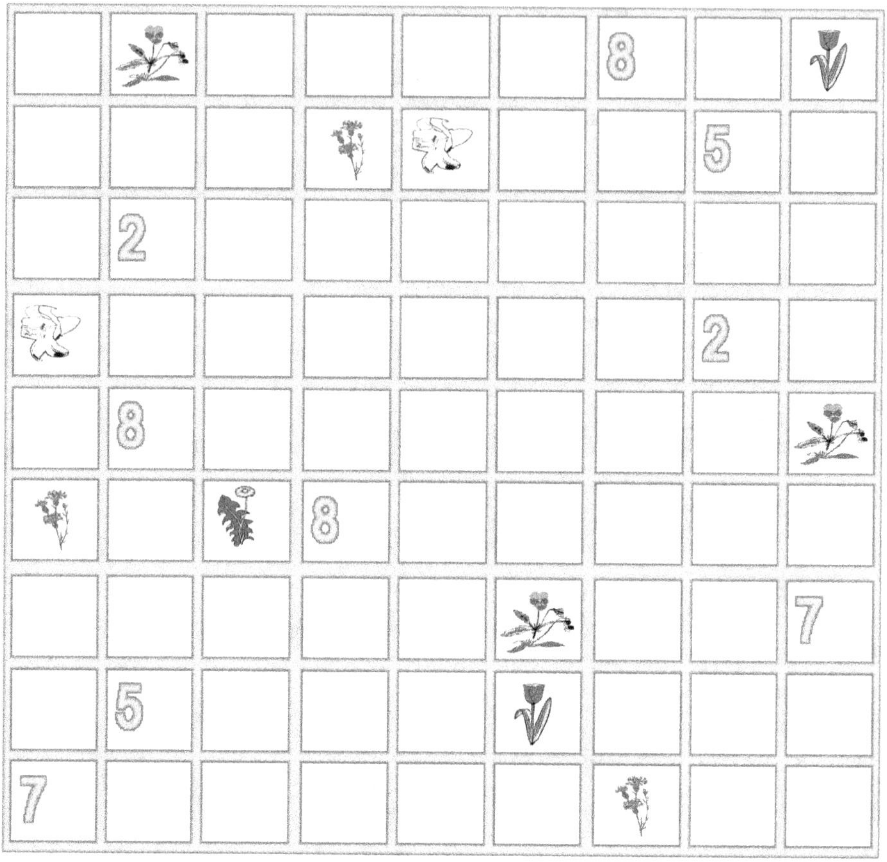

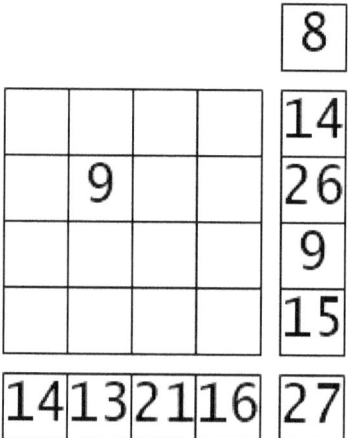

|    |   |    |    | 8  |
|----|---|----|----|----|
|    |   |    |    | 14 |
|    | 9 |    |    | 26 |
|    |   |    |    | 9  |
|    |   |    |    | 15 |
| 14 | 13| 21 | 16 | 27 |

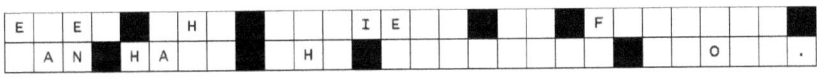

|   | 1 |   |   |   |   | 8 |   |  🌷 |
|   |   |   |  🌸 |  🌼 |   |   | 5 |   |
|   | 2 |   |   |   |   |   |   |   |
|  🌼 |   |   |   |   |   |   | 2 |   |
|   | 8 |   |   |   |   |   |   | 1 |
|  🌸 |   |  🌼 | 8 |   |   |   |   |   |
|   |   |   |   |   | 1 |   |   | 7 |
|   | 5 |   |   |   |  🌷 |   |   |   |
| 7 |   |   |   |   |   |  🌸 |   |   |

| E | E |   | H |   |   | I | E |   |   |   | F |   |   |   |   |   |
|   | A | N |   | H | A |   |   | H |   |   |   |   |   |   | O |   | . |

```
        E   T   N     S U   H E       O W   T S
C V   N   T V E   T I E   T O T G O F S T L R O E R S
```

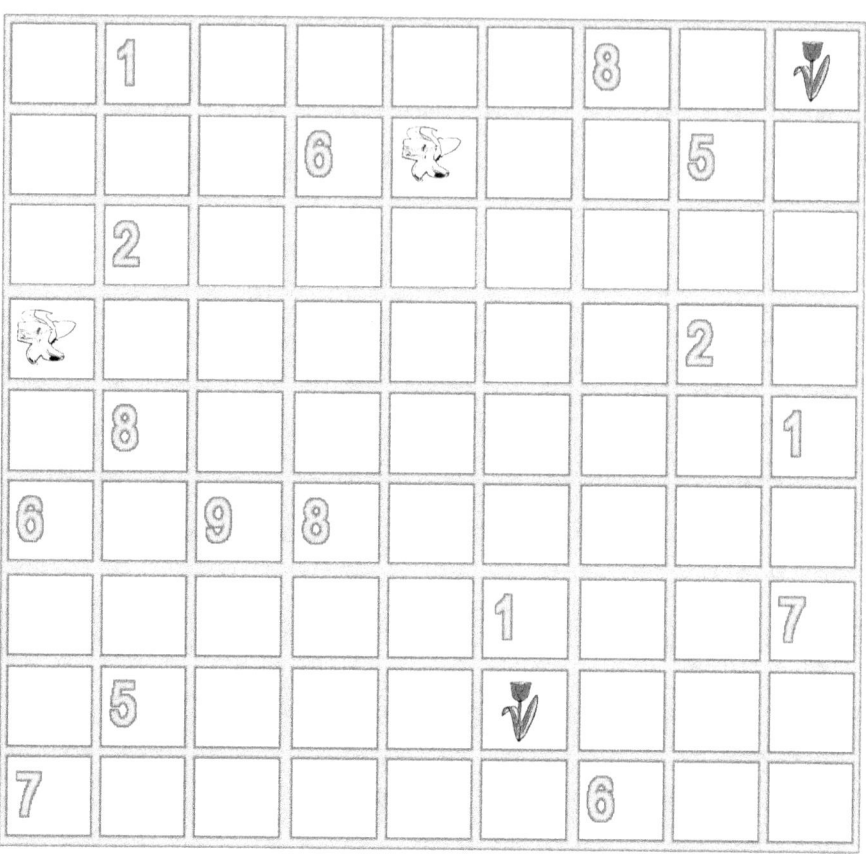

| s u | a | d | o | e | a | n | s h | w . | d | y | s h | o u |
| n o t | p | y | c e | t o | K e e | s e | a n | c a n |
| o u r | t h e | f a | i n e |

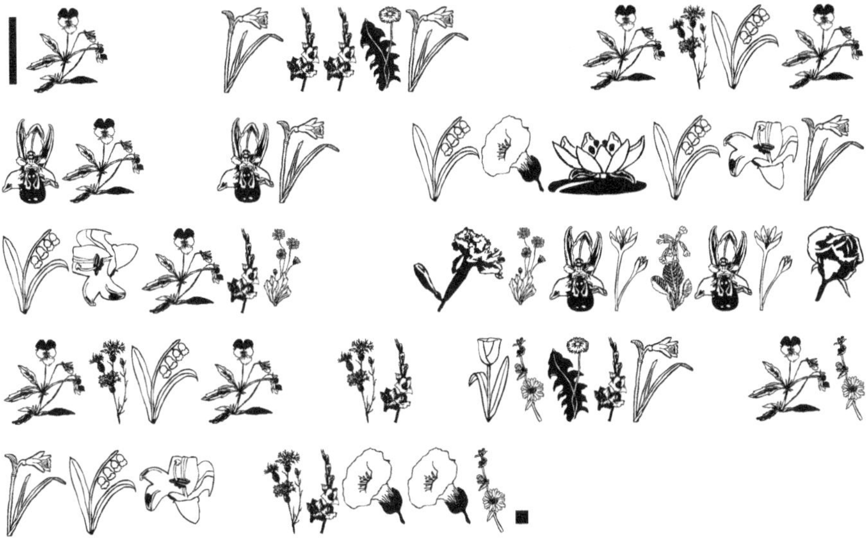

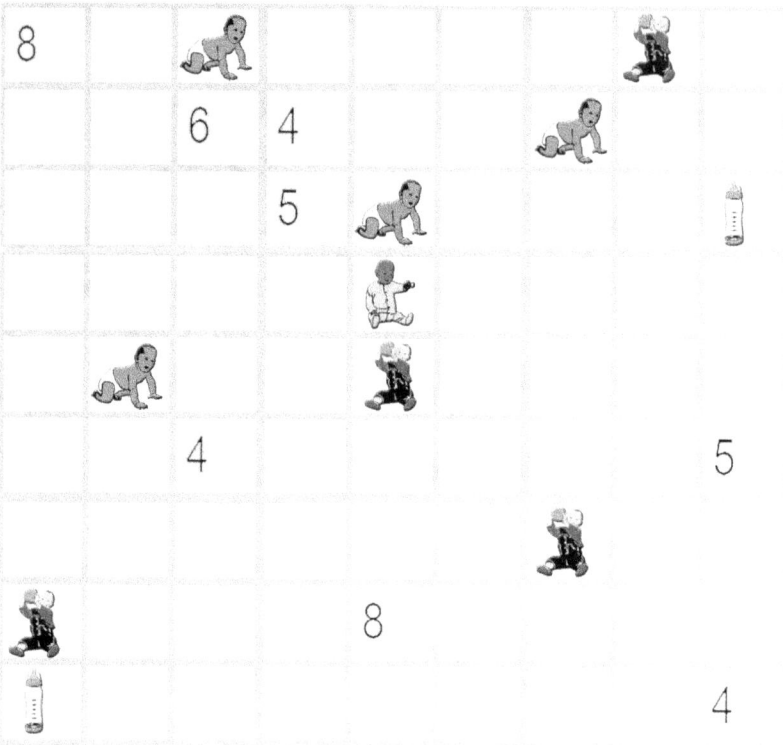

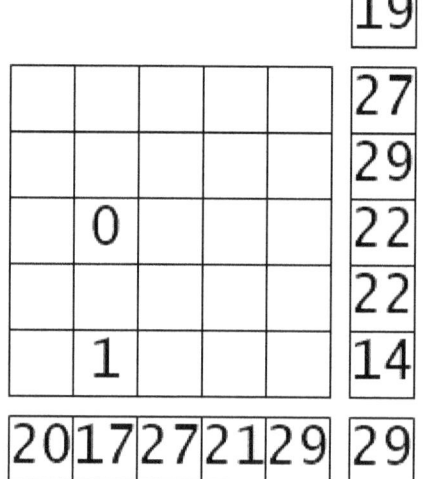

| 8 |  |  |  |  |  |  |  |
|---|---|---|---|---|---|---|---|
|  |  | 6 | 4 |  |  |  |  |
|  |  |  | 5 |  |  |  | 9 |
|  |  |  |  |  |  |  |  |
|  |  |  |  |  |  |  | 5 |
|  | 4 |  |  |  |  |  |  |
|  |  |  | 8 |  |  |  |  |
| 9 |  |  |  |  |  |  | 4 |

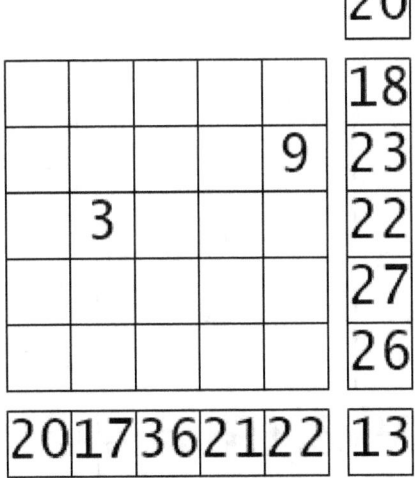

|  |  |  |  |  | 20 |
|---|---|---|---|---|---|
|  |  |  |  |  | 18 |
|  |  |  |  | 9 | 23 |
|  | 3 |  |  |  | 22 |
|  |  |  |  |  | 27 |
|  |  |  |  |  | 26 |
| 20 | 17 | 36 | 21 | 22 | 13 |

| 8 |   | 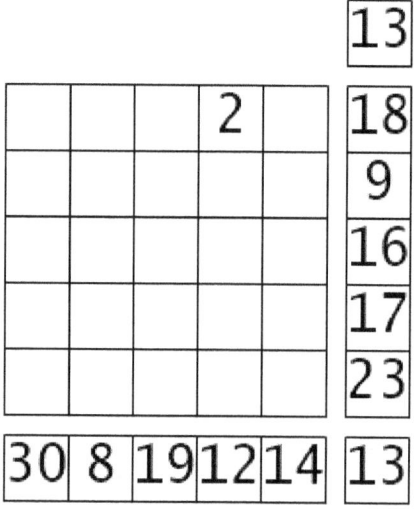 |   |   |   | 7 |   |
|---|---|---|---|---|---|---|---|
|   | 6 | 4 |   |   |   |   |   |
|   |   | 5 |   |   |   |   | 9 |
|   |   |   | 3 |   |   |   |   |
|   |   |   | 7 |   |   |   |   |
|   | 4 |   |   |   |   |   | 5 |
|   |   |   |   |   | 7 |   |   |
| 7 |   |   | 8 |   |   |   |   |
| 9 |   |   |   |   |   |   | 4 |

|   |   |   | 2 |   | **13** |
|---|---|---|---|---|---|
|   |   |   |   |   | **18** |
|   |   |   |   |   | **9** |
|   |   |   |   |   | **16** |
|   |   |   |   |   | **17** |
|   |   |   |   |   | **23** |
| **30** | **8** | **19** | **12** | **14** | **13** |

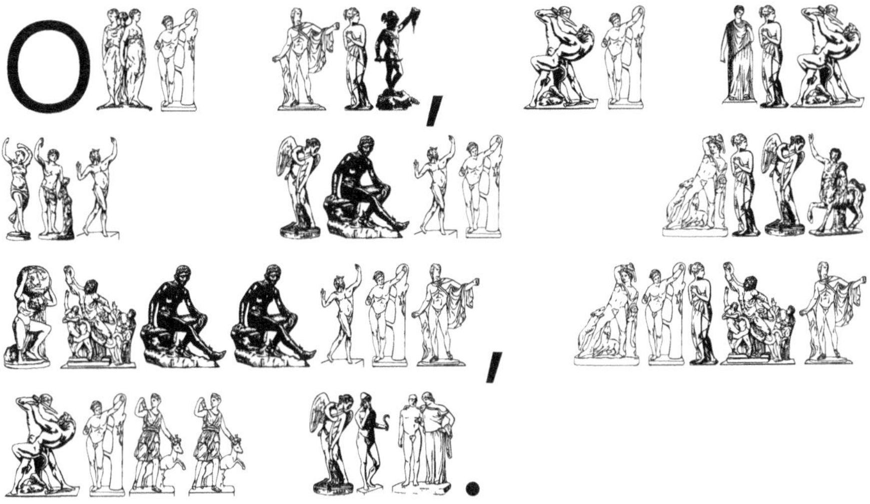

O

,

'

'

.

a

e

i

o

r

w

| 4 | + |  | × |  | + |  | 104 |
|---|---|---|---|---|---|---|---|
| + | ■ | × | ■ | + | ■ | + | |
| 11 | − |  | × |  | − |  | -101 |
| − | ■ | ÷ | ■ | + | ■ | + | |
| 14 | − |  | + |  | + |  | 12 |
| ÷ | ■ | − | ■ | + | ■ | − | |
|  | + | 10 | × |  | ÷ |  | 32 |
| 8 | | 16 | | 31 | | 23 | |

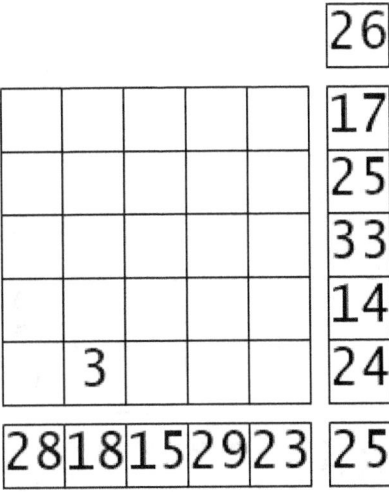

26
17
25
33
14
24

3

28 18 15 29 23 25

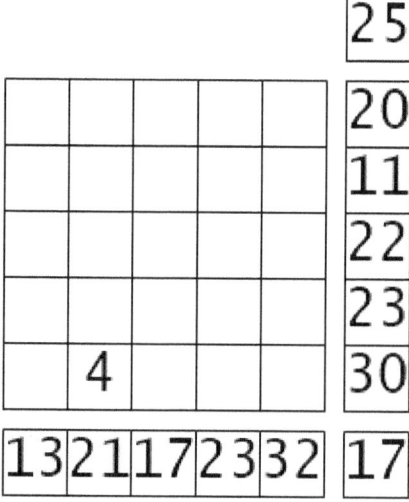

| | | | | | | | | |
|---|---|---|---|---|---|---|---|---|
| | | 3 | | | | | | |
| | | 5 | | 9 | | | 6 | |
| | | | | | | | | |
| | | | 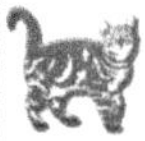 | | 3 | 8 | | |
| | | | | | 8 | | | |
| 8 | | 7 | | | | | 9 | |
| 4 | | | 6 | 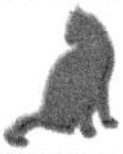 | | | | |
| 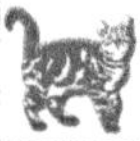 | | | | | | | | 3 |
| | 8 | | | | | 5 | | |

| | | | | | |
|---|---|---|---|---|---|
| | | | | | 25 |
| | | | | | 20 |
| | | | | | 11 |
| | | | | | 22 |
| | | | | | 23 |
| | 4 | | | | 30 |
| 13 | 21 | 17 | 23 | 32 | 17 |

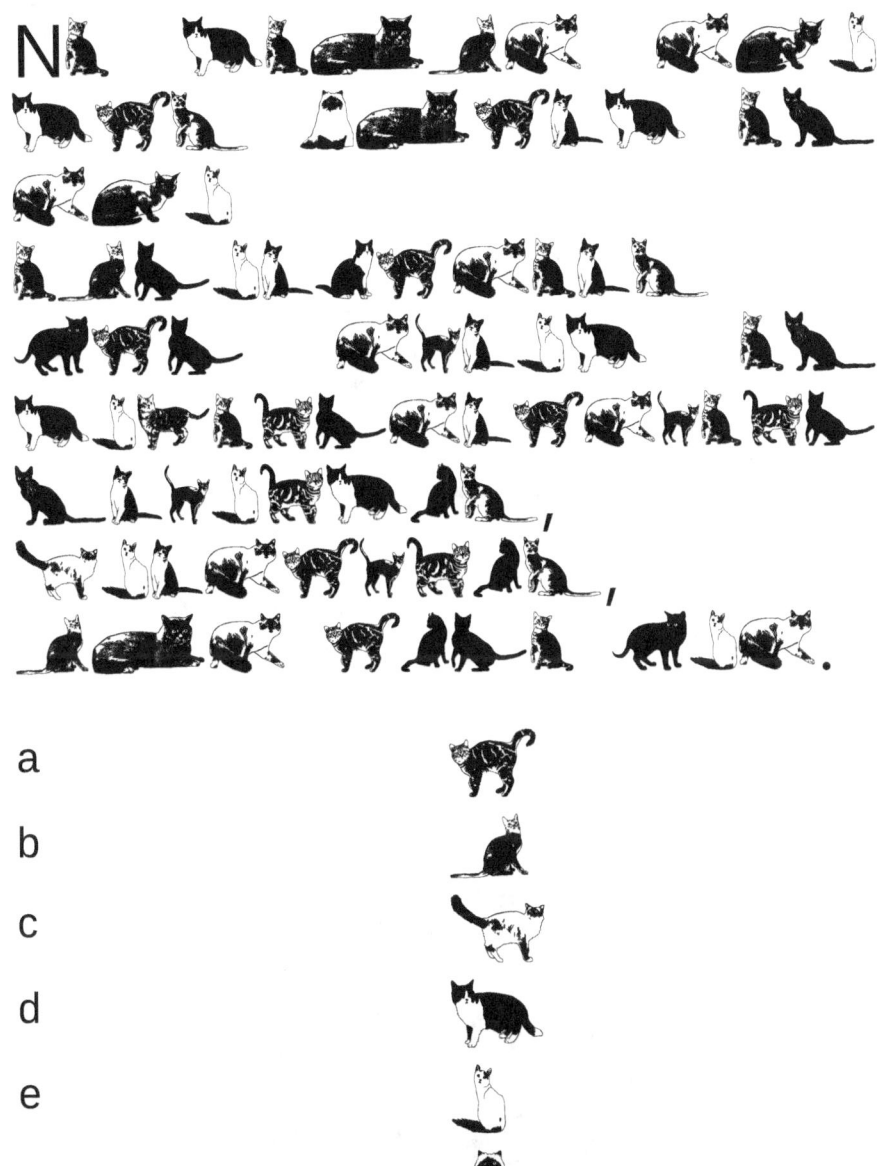

| 3 | − |   | + |   | + |   | + |   | 38 |
| − | ■ | + | ■ | × | ■ | − | ■ | + |   |
| 7 | × |   | − |   | + |   | − |   | 116 |
| − | ■ | − | ■ | + | ■ | × | ■ | − |   |
|   | − |   | − |   | − | 6 | − |   | −44 |
| − | ■ | − | ■ | + | ■ | + | ■ | − |   |
|   | + |   | − | 13 | − |   | + |   | 30 |
| × | ■ | + | ■ | − | ■ | + | ■ | + |   |
|   | + |   | + | 5 | + |   | + |   | 50 |
| −260 |   | −14 |   | 347 |   | −111 |   | 35 |   |

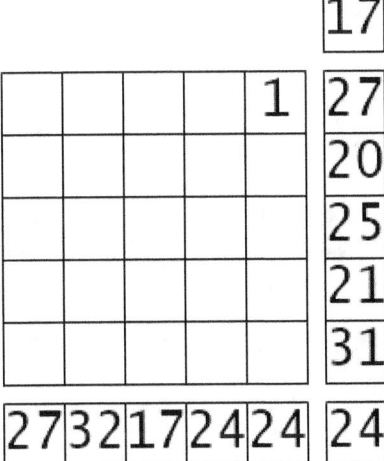

Top grid:

| | 7 | | | | | | |  |
|---|---|---|---|---|---|---|---|---|
| | | | | | | | | |
| | |  | 4 | 1 | | | | |
| 1 | | 2 |  | | | | | |
| | | | | |  | | 6 | 7 |
| | | | | | | | | 5 |
| | | | | | 5 | | | |
| |  | | | | 7 | | | |
| | | 1 | | | | 2 | | |

Bottom puzzle grid:

| | + | 2 | − | | − | 4 | − | | −14 |
|---|---|---|---|---|---|---|---|---|---|
| ÷ | ■ | − | ■ | × | ■ | × | ■ | + | |
| 3 | + | | + | | + | | + | | 71 |
| − | ■ | − | ■ | + | ■ | − | ■ | × | |
| | + | | − | | − | | − | | −7 |
| + | ■ | × | ■ | + | ■ | − | ■ | + | |
| 20 | + | 12 | ÷ | | × | | + | | 57 |
| − | ■ | − | ■ | − | ■ | − | ■ | − | |
| | − | | + | | + | | + | | 49 |

| −9 | | −227 | | 290 | | 35 | | 171 |
|---|---|---|---|---|---|---|---|---|

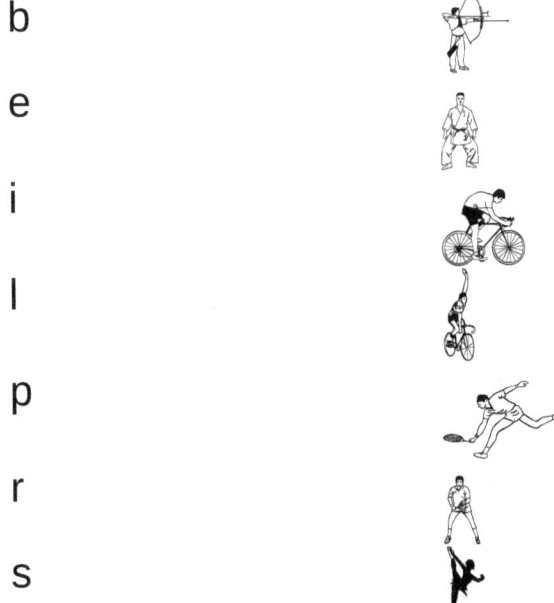

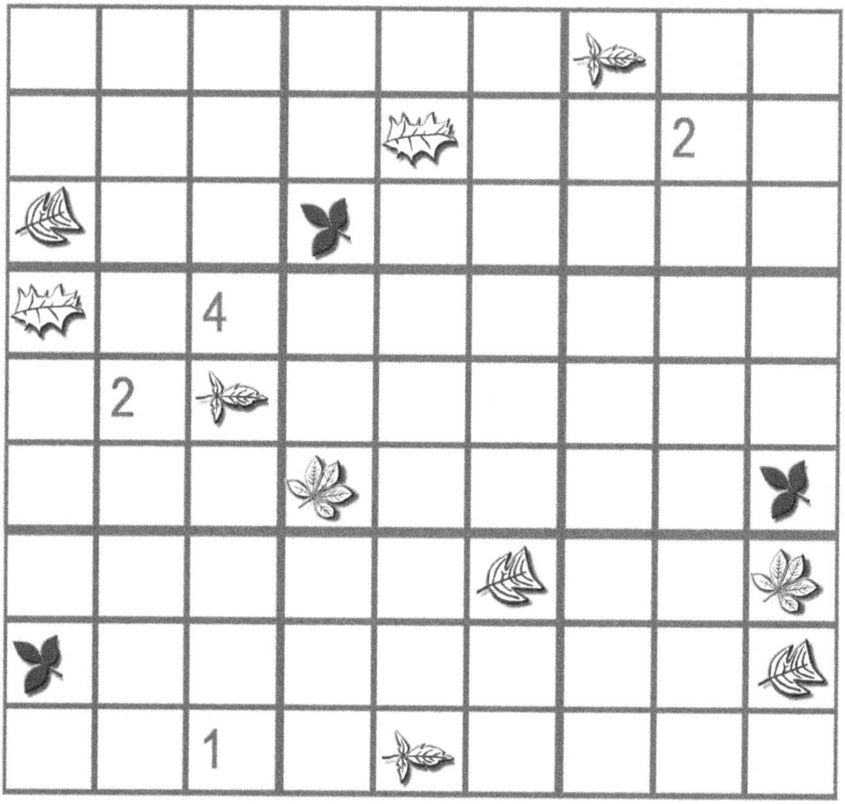


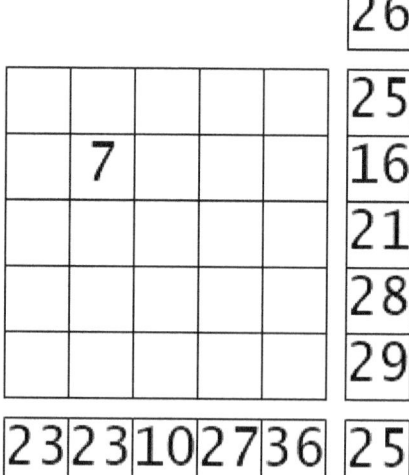

| | | | | | | 26 |
|---|---|---|---|---|---|---|
| | | | | | | 25 |
| | 7 | | | | | 16 |
| | | | | | | 21 |
| | | | | | | 28 |
| | | | | | | 29 |
| 23 | 23 | 10 | 27 | 36 | | 25 |

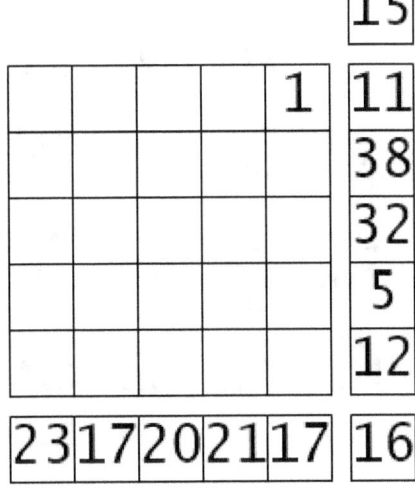

| | | | | | | 9 | | |
|---|---|---|---|---|---|---|---|---|
| | | | | 🍂 | | | 2 | |
| 🍃 | | | 6 | | | | | |
| 🍃 | | 4 | | | | | | |
| | 2 | 9 | | | | | | |
| | | | 8 | | | | | 6 |
| | | | | | 🍃 | | | 8 |
| 6 | | | | | | | | 🍃 |
| | | 1 | | 9 | | | | |

| 8 | + | 20 | − | | − | | × | | −51 |
|---|---|---|---|---|---|---|---|---|---|
| × | ■ | − | ■ | − | ■ | − | ■ | + | |
| | + | 15 | + | | − | 19 | − | | −5 |
| + | ■ | − | ■ | − | ■ | + | ■ | ÷ | |
| | + | | × | | − | | + | | 436 |
| + | ■ | × | ■ | + | ■ | + | ■ | − | |
| | − | 11 | − | | + | | − | | −30 |
| − | ■ | − | ■ | ÷ | ■ | + | ■ | − | |
| | + | | ÷ | | × | | − | | 33 |
| 152 | | −263 | | 2 | | 18 | | −28 | |

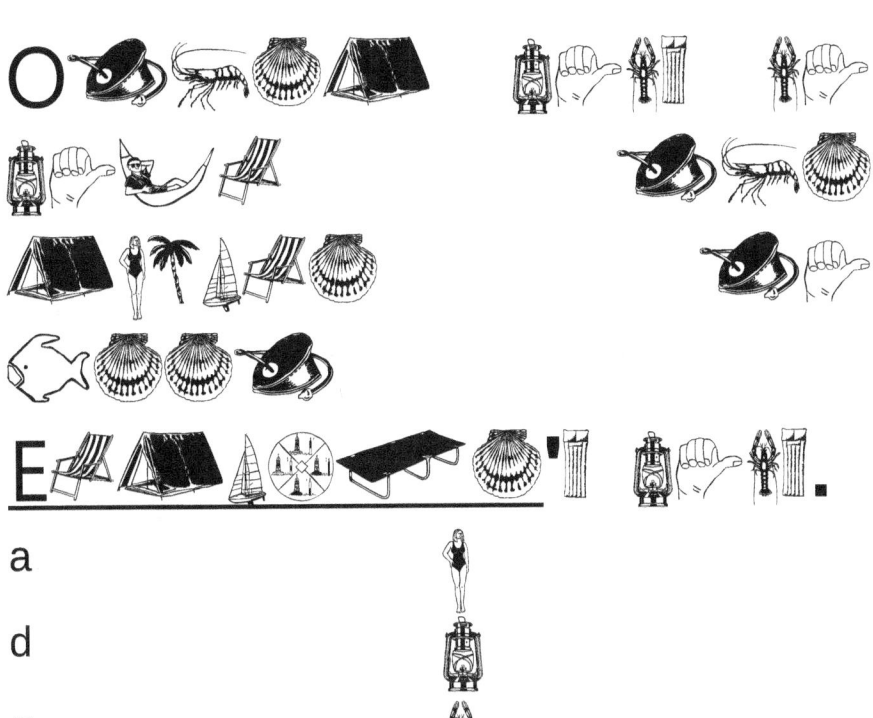

# Expert experts

# The Lost Dogs of the Pampas

Gabrielle Scouarnec

Bilingual audiobooks, decorative fonts:
**https://gumroad.com/babooks**

For books, printed or electronic.:
**amazon.com/author/gabriellescouarnec**

## Monolingual Books

*The Carrilonger : https://www.amazon.com/dp/*B0BMSQN6FM
*Le Rimaldeur : https://www.amazon.com/dp/*B0BMTHBY4C

*Marian & Francis : https://www.amazon.com/dp/*B0BMHMRLKC
*Marion et Francois : https://www.amazon.com/dp/*B0BMSZ9365

## Bilingual books:

*A Love Of Archetype - Un Amour d'archétype*
*https://www.amazon.com/dp/*B08JS1XGVQ

*How to Create Your Cult... and become a rich guru*

French/ English  https://www.amazon.com/dp/B082J3HVK1

English/Spanish  https://www.amazon.com/dp/B082JY7P4M

French/ Spanish  https://www.amazon.com/dp/B082VFBGQ8

The collection: *Pastry making*
Combining 2 languages including French, English, Spanish, Portuguese, Chinese

## Trilingual Books :

*The Lost Dogs of the Pampas*

Five short stories combining 3 languages including French, English,

Spanish, Chinese, German, Russian, Hindi, Swedish, Dutch..